小学館文庫

世界遺産 極める 55

世界遺産を旅する会・編

JN266117

小学館文庫

目次

6 故宮
12 白神山地
中華人民共和国
日本
31 龍門
ナンダ・デヴィ国立公園
10 黄龍
11
55 ラサ
7 アーグラ城塞
32 琉球
インド
太 平 洋
29 アユタヤ
30 マハーバリプラム
タイ
9 ムル山国立公園
マレーシア
洋
オーストラリア
タスマン海
南 極 海
マッコーリー島 13

収録世界遺産地図

53トロイツェ・セルギエフ大修道院
ロシア
26ハットゥシャ
トルコ
ロードス島35
43アレッポ
レバノン
25シリア
バールベック
モロッコ
8メクネス
42ムザブの谷
アルジェリア
リビア
28タドラット・アカクス
14アイルとテネレの自然保護区
ニジェール
27アクスム
ゴンダール54
エチオピア
ウガンダ
15ケニア山国立公園
ブウィンディ原生国立公園16
ケニア
大西洋

北極海
⑱ウッド・バッファロー国立公園
カナダ
⑲ウォータートン・グレーシャー国際平和公園
アメリカ
㉓メサ・ヴェルデ
メキシコ
キューバ
テオティワカン㉒
㊺トリニダード
大西洋
オアハカとモンテ・アルバン㊻
㉑
パレンケ
太平洋
エクアドル
⑳サンガイ国立公園
ブラジル
オウロ・プレート㊹

ノルウェー海
41エディンバラ
リトアニア
ビリニュス39
アイルランド
イギリス
北海
24スケリッグ・マイケル
大西洋
40ブルージュ
ドイツ
ベルギー
バンベルク
38
48ランス
チェコ
5クロメジーシュ
フランス
シェーンブルン宮殿4
ロワール渓谷2
49パンノンハルマ修道院
スイス50
オーストリア
ハンガリー
ザンクト・ガレン修道院
34ヴェローナ
スペイン
47アッシジ
アビラ36
イタリア
ポルトガル
1エル・エスコリアール
テッサロニキ52
ナポリ33
3ジェロニモス修道院
メテオラ51
ギリシア
37セビーリャの大聖堂
17エオリエ諸島
地中海

弟子たちによる絢爛たるフレスコ画が豪華に飾る。蔵書は4万冊にも及ぶ。

第一章 王の物語を聞く

エル・エスコリアール修道院の図書館。外見は堅牢だが、内部の天井はティバルディと

荘厳な気品を漂わすスペイン帝国の建築

❶ エル・エスコリアール修道院とその遺跡

スペイン

アクセス　マドリードから列車で1時間、バスでは約1時間15分
所在地　マドリードの北西50km
登録名　Monastery and Site of the Escurial, Madrid

王が造営する建物には、その時代、国の運命、また王自身の個性が大きく反映されるのはいうまでもない。世界遺産にも登録が多い王宮や城には、王たちのドラマティックな歴史がこめられている。

エル・エスコリアール修道院が建立された十六世紀半ば、スペインは広大な領土を有していた。神聖ローマ帝国皇帝を兼ねた父カルロス一世を継いだフェリペ二世は信仰心が篤《あつ》く、戦勝を神に感謝して修道院と、王宮、王の霊廟を一体化する建物の建設を命じたのだった。

この修道院は同時代の華美な建築様式に背き、直線を生かした緊張感あふれるデザインで、設計者の名から「エレーラ様式」と呼ばれる。内部は豪華だが、王の寝室と書斎だけは白壁と陶板のシンプルなつくりだった。王は修道院から七キロ離れた丘で、完成までを見守った。

彼の四〇年余の治世の間は、オスマン・トルコの脅威、フランスとの対立、プロテスタントの弾圧など、政治的に困難な問題をかかえ、また帝国拡大の反動で財政が破綻、負債を増やした激動の時代だった。

二十数年を費やして完成したエレーラ様式の壮大な建物。地下に歴代の王が眠る。

聖堂正面から、金と大理石製のユダ王国歴代君主の像が見下ろす「諸王の中庭」。

フランス・ルネサンス建築の精華にしのぶ王の夢

❷
シュリ＝シュル＝ロワールとシャロンヌ間のロワール渓谷
フランス

アクセス　パリからトゥールまでTGVで1時間20分。そこからそれぞれの城にはバス、またはツアーがある
所在地　フランス中部、サントル地方ロワール・エ・シェール県
登録名　The Loire Valley between Sully-sur-Loire and Chalonnes

ロワール川の谷には、中世から近世にかけての城が七〇〇ほど残り、戦闘を目的とした厳しい構えの城塞から、華やかに貴族たちが行き交う宮殿へと、移り変わる城の姿が見られる。なかでも最大の規模と壮麗さを誇るシャンボール城は、こうした城の変容の物語を伝える舞台のひとつである。そしてここでの主人公はフランソワ一世。

フランソワ一世は一五一五年に王位につき、イタリアの覇権を求めて遠征を行った。かの地で王が目にしたものは、花開いたルネサンスの文化、とりわけルネサンス芸術を結晶させた宮殿と、そこで営まれる貴族や芸術家に囲まれた華麗な宮廷のありさまだった。

一五一九年に着工されたシャンボール城は、中世城の面影を残すが、ルネサンス様式がふんだんに取り入れられている。ここには、ダ・ヴィンチが設計したと伝えられる不思議な二重螺旋《らせん》の階段も残る。壮大なことが好きな王は、惜しみなく財をつぎこんでこの城を造営したが、完成を見ることができず、息子アンリ二世の手に委《ゆだ》ねられた。

14世紀に創建されたシュリ城は、100年戦争当時の軍事要塞の堂々とした姿を残す。

シュリ城は、ジャンヌ・ダルクの闘いの歴史を秘めた城でもある。

浴びた白壁が赤く染まる。

シャンボール城正面中央の尖塔群。

ブロワ城フランソワ1世棟の螺旋階段。

約400の部屋をもつシャンボール城は、コソン川から取水した濠を背に立つ。夕陽を

「海へ、遠くへ」と目指した時代の壮麗なモニュメント

❸ ジェロニモス修道院とベレンの塔

ポルトガル

アクセス　リスボンの空港から市内までバスで約20分。スペインのマドリードからリスボンまで列車で約10時間30分
所在地　リスボン市内、テージョ川沿岸のベレン地区
登録名　Monastery of the Hieronymites and Tower of Belem in Lisbon

ポルトガルにスペインと並ぶ繁栄の時、「大航海時代」をもたらしたのは、一三八五年に即位したジョアン一世の王子エンリケである。王子は航海学校や天文台を創設し、冒険心あふれる人々にアフリカ西岸探検やインド航路開拓を奨励した。「海へ、さらに遠い海へ」というエンリケ航海王子の先見性の最高の成果は、一四九八年のヴァスコ・ダ・ガマによるインド航路発見である。王子の死の三八年後のことだ。これによってポルトガルはヨーロッパ最大の貿易国に発展した。

巨大な富を享受した国王マヌエル一世は、一五一七年、王子への敬慕の念をもってジェロニモス修道院の創建に着手した。三十余年の時をかけて完成した巨大かつ壮麗な修道院は、新大陸との貿易によって繁栄を謳歌《おうか》した、絶頂期のポルトガルの国力を象徴している。中央に王子の像をおき、上部に聖ジェロニモスの生涯が描かれている南門。入口にマヌエル一世と妻マリアの像が刻まれた西門。そして繊細な装飾彫刻が施された五五メートル四方の長大で華麗な回廊と中庭。これ

細部に施された装飾も美しく、テージョ川の夕陽を映すベレンの塔。

らの建築様式は、「マヌエル様式」と呼ばれている。

マヌエル一世はまた、修道院の西方約一キロ先のテージョ河畔に、ヴァスコ・ダ・ガマの偉業を記念したベレンの塔も建設した。リスボン港を守る要塞として築かれた五層の塔は、監視塔と砲台を備え、地下は潮の干満を利用した水牢になっている。実用的でありながら、イスラムをはじめとした同時代の文化を取り入れたマヌエル様式の塔は、優雅にして絢《けん》爛《らん》な趣だ。

哀愁を帯びたファドの調べで知られるリスボンだが、このふたつの遺産の前にたたずむと、「大航海時代」の船乗りたちの喧噪《けんそう》が甦ってくる。

全体を白い石灰岩でつくりあげたジェロニモス修道院の壮麗なたたずまい。

マヌエル様式の装飾で覆われた回廊と中庭。今は結婚式にもよく使われている。

女帝が実現させたハプスブルク家の夢

④
シェーンブルン宮殿と庭園

オーストリア

アクセス　ウィーン国際空港まで直行便で約12時間。そこからリムジンバスなどで市内へ。宮殿までは路面電車を利用
所在地　首都ウィーン
登録名　Palace and Gardens of Schönbrunn

この宮殿をパリのヴェルサイユ宮殿に比肩《ひけん》するほどの美しさに磨きあげたのは、一七四〇年に戴冠《たいかん》した女帝マリア・テレジアである。マリー・アントワネットの母親としても知られるマリア・テレジアは、行政と財政の改革に辣腕《らつわん》を発揮、啓蒙主義的な諸政策でオーストリアの近代化を推進し、国民に慕われた国母でもあった。

一六九五年に皇帝レオポルト一世が、ハプスブルク家の権力を象徴すべく「ヴェルサイユをしのぐものを」と計画した宮殿は、バルカン半島での戦費に財政が逼迫《ひっぱく》し、ブルボン王朝の離宮には及ぶべくもない夏宮になっていた。が、ここを居城と定めたマリア・テレジアは存分に改築改装を重ね、わずかの間にレオポルト一世の夢を現実化した。

シェーンブルン宮殿は、女帝の前で六歳のモーツァルトがピアノを弾いた「鏡の間」、ナポレオンが執務した「ナポレオンの部屋」、ウィーン会議の舞台となった大広間など、世界史の復習を促すエピソードに満ちている。幾何学的な構成の広大な庭園も美しい。

殿正面。内部の装飾はロココ調を基本とし、贅の限りが尽くされている。

マリア・テレジア・イエローと呼ばれる鮮やかな黄褐色に彩られたシェーンブルン宮

フレスコ画の天井、金塗りの壁面に鏡をめぐらしたシェーンブルン宮殿の大ギャラリー。

大司教の暮らしを伝える優雅な居城

⑤ クロメジージュの庭園と城

チェコ

アクセス　プラハから列車で約5時間
所在地　南モラヴィア州クロメジージュ
登録名　Gardens and Castle at Kromeriz

クロメジージュの北にあるオロモウツには、十一世紀からモラヴィア司教座（一七七七年に大司教座に昇格）がおかれていた。十三世紀、その司教の夏の離宮がクロメジージュに建てられることになる。キリスト教圏では、司教もまた領主同様に領国を治める君主であったから、富も権力もその掌中《しょうちゅう》にあった。

宮殿はゴシックからのちにルネサンス様式へと建てかえられ、十七世紀末には、バロック様式の宮殿ができあがる。これを指揮したカール・リヒテンシュタイン司教は、非常に教養深くまた裕福でもあったので、宮殿内にヨーロッパの名だたる画家の作品を集めたコレクションをおき、貴重な図書を収集した大きな図書室を設けている。

宮殿の外観は比較的簡素だが、内部のつくりには最高位にあった聖職者代々の豪奢《ごうしゃ》な暮らしぶりがしのばれる。そのうちのもっとも豪華な部屋は、中央ヨーロッパ最高のロココ調の部屋といわれ、一八四八年に開かれたオーストリア帝国議会の舞台となった。

バロック様式の名園。

宮殿には美術館と図書館がある。

宮殿を取り巻くふたつの庭園（「城下公園」と「花の庭園」）は、迷路のような小道、噴水、技巧的に刈り込んだ灌木《かんぼく》、彫刻のある列柱を配したバロックの名園で、中央ヨーロッパに大きな影響を与えた。

純粋なバロック様式を今に伝えるこの宮殿と庭園は、映画「アマデウス」の撮影で、ザルツブルクの大司教の宮殿として使われた。

クロメジーシュの花の庭園。十字形に小道が走り、中央に丸屋根八角形の建物が立つ、

明・清の二四皇帝が君臨した金色の皇城

⑥ 故宮

中国

アクセス 地下鉄前門駅下車、天安門広場をぬけ徒歩15分
所在地 北京市東城区
登録名 Imperial Palace of the Ming and Qing Dynasties

紫禁城《しきんじょう》の造営を始めた明《みん》の朱棣《しゅてい》皇帝、清《しん》朝最盛期に君臨した毀誉褒《きよほう》貶《へん》の乾隆《けんりゅう》帝、外圧にあえいだ清朝末期の西太后《せいたいごう》——故宮《こきゅう》は五〇〇年間にわたる明・清代の二四皇帝が政務にあたった皇城紫禁城をそのまま博物館にした、世界屈指の歴史的遺構である。

永楽四年（一四〇六）から一四年の歳月をかけて最初の完成をみた中国最大のこの古建築群は、敷地面積七二万平方メートルの広大な宮殿である。ほぼ左右対称に配置された大小六〇以上の殿閣が、黄色い瑠璃瓦《るりがわら》を整然と連ねるさまは、壮観の一語に尽きる。

宮殿は政治の機能を果たす前方部の外朝と居住区である後方部の内廷とに分かれた、「前朝後寝」という中国古来の配置形式を踏襲している。外朝の中心は、国家的な式典に使われた中国最大の木造建築、太《たい》和《わ》殿である。皇帝が座した宝座の背には金漆屏風《きんしつびょうぶ》が立ち、周囲を彩る金箔や宝物が皇帝の権威を物語る。内廷の乾清《けんせい》宮は西太后が外国使節と接見した場所として知られ、交泰《こうたい》殿には皇帝の御璽《ぎょじ》がおかれていた。

清朝皇帝が政務にあたった玉座。須弥壇式玉座の背後には金漆彫刻の屏風が立つ。

故宮は現在「故宮博物院」と名のるように、中国の文化史を綴った一〇〇万点以上の文物を所蔵している。乾隆帝が集めた王羲之《おうぎし》らの書跡、同じく帝が母親のためにつくったという一二五キロの純金の塔、各時代を代表する絵画の数々、美術工芸品。これらの宝物を眺めるだけで、この国の歴史の奥深さがひしひしと伝わってくる。

保和殿基壇背面の雲龍石彫御路。

壁の白色が混じって、さながら色彩画を見るようだ。

朝焼けに染まる紫禁城。屋根に使われた黄色い琉璃瓦が金色に輝き、青白石の土台、

ムガール帝国の皇帝たちの栄光

7

アーグラ城塞

インド

アクセス　デリーから飛行機で約40分、列車では約2時間
所在地　ウッタル・プラデッシュ州アーグラ
登録名　Agra Fort

赤砂岩を積みあげた城壁に囲まれたアーグラ城は、ムガール帝国第三代目のアクバル大帝によって、一五六五〜七三年に造営された。今に残る宮殿・モスクのほか、かつてはバザールや住区も含まれた城塞都市であった。

アクバルは、北インドからデカン高原までに版図を広げ強力な中央集権国家をつくりあげた、名実ともに大帝《アクバル》。イスラムと被征服民のヒンドゥー教徒との融和を目指した政策をとり、彼自身もヒンドゥーの妃《きさき》を迎えた。こうした理想は建築にも反映され、外来と土着の様式の混ざりあった、石造りでありながらどこか木造の建物を思わせる、独特のインド・イスラム様式が花開いた。

現在のアーグラ城は、アクバルの孫シャー・ジャハーン時代に改修・増築され、アクバル造営の建物は、後継ぎの名を冠したジャハーンギール殿が残るのみだが、ここには竜や象といった具象的な文様装飾も施されており、偶像を嫌ってアラベスクなど抽象文様を採用したイス

赤砂岩の二重の城壁。外壁は、6代皇帝アウラングゼーブがつくった。

ラム装飾とは意図を異にした、アクバルの思いが見てとれる。

五代皇帝のシャー・ジャハーンは、赤い城壁のなかに白亜の建物を残した。ファサードに九つもの華麗な花形アーチのあるディーワーニ・アーム（公謁殿《こうえつでん》）、「真珠のモスク」と呼ばれる大モスクなどには、浮彫・透かし彫によって繊細なレースを重ねたような装飾が施され、貴石が象嵌《ぞうがん》されて、ムガール帝国絶頂期にあった皇帝の日々がしのばれる。

しかしシャー・ジャハーンは、息子によってこの城の塔に幽閉されてしまう。失意の皇帝は、捕らわれの部屋から見える、彼自身の建てた王妃との愛の記念碑タージ・マハルを眺め、その一生を閉じたという。

シャー・ジャハーンの寝殿ハース・マハル殿は後宮と向かいあっている。

ベンガル地方独特の湾曲した屋根を取り入れたゴールデン・パビリオン。

アーグラ城塞のアクバリー門。一般公開されるアマル・シング門の内側にそびえる。

ヴェルサイユの再現を夢見た王

⑧ 古都メクネス

モロッコ

アクセス　カサブランカから列車で4～5時間。タンジェから列車、またはバスで7時間。フェスから列車、またはバスで約1時間
所在地　モロッコ中北部メクネス県。ラバトの東120km、フェスの西南50km
登録名　Historic City of Meknes

地中海と大西洋を結ぶわずかな水路であるジブラルタル海峡を渡れば、すぐにスペイン。モロッコの人々にとってヨーロッパは、彼らが属するアフリカの大陸より、はるかに身近な大陸であったろう。

十七世紀半ばにモロッコを統一したアラウィー朝の第二代スルタン、ムーレイ・イスマイルは、王国建国の祖として知られる。イスマイルは海峡を越えてフランスやイギリスと国交を結んで先進文化を学び、それゆえにモロッコは十九世紀初頭まで北アフリカに強大な権力をもちえたのだった。王はまた、ヨーロッパ、とりわけフランスの太陽王ルイ一四世の統治に強く心ひかれていた。王朝を継ぐと、それまでの首都フェスからメクネスに遷都、この地にヴェルサイユにも匹敵する華麗なイスラム王都を建設しようとしたのである。

前王朝時代の建物を取り壊し、新たに四〇キロにも及ぶ三重の城壁をめぐらし、モスク、カスバ、マドラサ（高等教育施設）、宮殿などを次々と造営していった。しかし王の死後、都が移されたため、「メクネ

ロバや馬を使って地下水を汲みあげたダール・エル・マ(水の館)。

ブー・イナニア・マドラサの中庭。

スをヴェルサイユに」との夢は、はかなく潰《つい》えた。
城壁に囲まれた旧市街でもっとも名高いのがハディーム広場南奥に立つマンスール門。彩釉タイル仕上げの豪華な装飾には目を奪われる。また二〇年の籠城を可能にしたという巨大な穀物庫や「水の館」と呼ばれる家畜を使った地下水の汲みあげ施設など、王の夢の壮大さを物語る遺構も数多い。

イクと彩釉タイルの装飾がみごと。

イスラム美術の傑作のひとつに数えられるメクネスのムーレイ・イスマイル廟。モザ

によって隆起したボルネオ島では、地下に石灰岩による鍾乳洞が形成されている。

第二章 未知なる自然を知る

ムル山国立公園のクリアウォーター・ケイブ。太古、海であったところが地殻変動

いまだ全容がつかめない巨大洞窟群

9

ムル山国立公園

マレーシア

アクセス　ボルネオ島のミリから飛行機でムル空港。そこから小型機が日に2〜4便運行、約30分。ミリからバスとボートの乗り継ぎでも行ける
所在地　ボルネオ島、マレーシア領
登録名　Gunung Mulu National Park

巨大な洞窟の入口から無数のコウモリが飛び立ち、その群れは時に天空に翔《か》け昇る黒い竜を形づくり、あるいはのたうつ大蛇に姿を変え、そして黒衣の天女のあでやかな舞いにも似る。熱帯の夕暮れに現出するこの幻想的な光景の主役であるコウモリたちの棲処《すみか》が、世界最長という洞窟内の通り抜け通路をもつディア・ケイブである。

赤道直下、ボルネオ島のマレーシア領に位置するムル山国立公園には、熱帯雨林に囲まれた大小の洞窟群が、人々を地底世界に誘うかのように、その入口を開いている。全体の六〇パーセントが前人未踏と、いまだ全容は明らかでない。それでも、ディア・ケイブ南入口の岩々が「リンカーンの顔」と名づけられ、また隣接するランズ・ケイブの鍾乳石群の造形のみごとさが明らかにされたりし、この世界的規模の洞窟群への注目が徐々に高まっている。

洞窟群を包む熱帯雨林には、一七〇種の野生ランや一〇種のウツボカズラ、七五種の哺乳類など、希少な生物も多い。

峻険な岩峰と熱帯雨林が霧にけむり、人を寄せつけなかった古代の風景をしのばせる。

落葉の分解が早いため土壌が薄く、地上に板根（ばんこん）を張って大木を支える。

ムル山では世界でもっとも美しいチョウというアカエリトリバネアゲハが飛ぶ。

ランバイ属。幹から直接実をつけている。

虫や小動物を捕らえるツボウツボカズラ。

ショウガの仲間の花、ホルンステジア。

先史時代の伝説を残す湖沼群

⑩
黄龍の自然景観と歴史地区
中国

アクセス　北京から飛行機で2時間、または上海から2時間30分で成都へ。成都からバス・ツアーがある。松潘まで約12時間
所在地　四川省松潘県
登録名　Huanglong Scenic and Historic Interest Area

四川《しせん》省成都《せいと》の北方、岷山《みんざん》山脈のカルスト台地は、特異な景勝地の宝庫である。黄龍《こうりゅう》は、同じく一九九二年に自然遺産に登録された「九寨《きゅうさい》溝《こう》渓谷」の南一〇〇キロに位置している。伝説と古刹《こさつ》、山々と渓谷という、いかにも中国的な要素を備えた美観で名高い。

あるいは中国最初の王朝と伝えられる夏《か》の時代、この地に黄色い龍がすんでいたという伝説。この黄龍をまつる霊廟を由来とし、明《みん》代に創建された、前、中、後の三寺からなる名刹、黄龍寺。雪宝頂（五五八八メートル）を主峰として連なる、岷山山脈の三〇〇〇メートル級の山々。そして、石灰華を咲かせて流れ落ちる滝、さらには石灰岩層に水がたまってできた大小三〇〇〇を数える湖沼、黄龍彩池《さいち》群。これらの風景に、四季が折々の色彩をアクセントとして添えるといえば、黄龍の自然景観の美しさは、容易に想像することができよう。

黄龍彩池群を特徴づけるのは、山地の傾斜に沿ってできた石灰質の段丘が、それぞれエメラルドグリーンの水をたたえ、棚田状に連鎖す

黄色い龍が天翔るように映る。

伝説の舞台にふさわしい黄龍彩池。

る奇観である。これらの湖沼は低いほうから、迎賓《げいひん》池と呼ばれる第一群、盆景《ぼんけい》池の名をもつ第二群、第三群の五彩池と、大きく三群に分けられている。もっとも高所にある五彩池の水面には、唯一現存する黄龍後寺の屋根が影を落としている。

伝説と自然景観が醸しだすロマンを、中国の人々は、愛してやまない。

黄色味を帯びた石灰質の沈殿物の堆積。これらの連鎖を下から見上げると、ちょうど

入山を禁じられた女神の山

⑪ ナンダ・デヴィ国立公園

インド

アクセス　国立公園への入域は許可されていない。ニューデリーから車で約400km北東のラタ村へ。シェルパを雇って2日歩くと、山の頂からナンダ・デヴィ峰を眺めることができる
所在地　インド北部の中国・ネパールとの国境付近
登録名　Nanda Devi National Park

ヒンドゥー教の女神ナンダの名を冠し、「祝福された女神」という意味をもつナンダ・デヴィ（七八一六メートル）は、インド領のヒマラヤ山脈にそびえる世界第八位の高峰。長さ三キロの吊り尾根で結ばれた、この美しい双耳峰を中心とするナンダ・デヴィ国立公園は、標高三五〇〇メートル以上の高所に位置し、総面積は六三〇平方キロにも及ぶ。雪原、氷河、湖沼、そして一瞬の夏を謳歌《おうか》する高山植物。これらが織りなす清涼な美しさは、アルピニストたちの憧れの的だった。

「だった」と過去形を用いたのは、一九八三年にインド政府が、この国立公園への一切の立ち入りを禁止したからである。登山客の増加によって、世界にも希な高山生態系の破壊が進んでいたのだ。

この地には有蹄《ゆうてい》類のジャコウジカ、原始的なヤギの仲間のヒマラヤタールなど独特な動物が生息している。その代表格であるユキヒョウの減少は著しく、ナンダ・デヴィは繁殖が可能な「最後の砦」のひとつに数えられている。

氷河が見えるのは標高5000m以上の地帯。ゆっくりと谷を浸食していく。

見える。昔から人々が聖地と崇めたのも納得できる。

氷河と氷河の間に残されたナンダ・デヴィの尾根筋は、あたかも女神の裳裾のように

女神の山ナンダ・デヴィに祈る

桃井和馬

まだ肉眼で神の姿を見たことがない。

だが、厚い雲の合間から姿をあらわしたその山を目にしたとき、息をのみ、神の存在を確信した。いや、今振り返ってみると、あのとき、私は「神」という抽象的な概念を、この目で見ていたのかもしれない……。

ヒンドゥー語で「天空に満ちる女神」を意味するナンダ・デヴィは、中国と国境を接する、インド北東部にある世界第八位の高さ（七八一六メートル）を誇る山だ。名前のとおり、女神の存在を確信させてしまう、そんな妖艶《ようえん》なたたずまいに、多くの登山家たちは魅せ

人々の尊崇を集める霊峰ナンダ・デヴィの山頂

られ、いくつもの命を捧げてきた。女神の山を征服するには、人間を超えた登攀《とはん》技術と、雑念なき悟り。そして運が必要になる。

この山は古くから、地元民にとって、生活の根幹を成す信仰の対象だった。一生に一度だけでも、山裾に立つことが、人生における彼らの究極の夢だった。それは幾つもの険しい山を越え、幾つもの切り立った谷を歩いて、二週間かかる過酷な旅。しかしそれが叶わぬ場合、この地域には、どこにでもある「ナンダ・デヴィ寺院」に参り、日々の祈りを谷風に託して、女神に届ける。

だがインド政府は、一九八三年、ナン

ダ・デヴィ周辺地域への人間の立ち入りを全面的に禁止する措置をとった。きっかけは、多くの登山隊が入り、結果的に自然が汚されたため、また伐採業者が乱伐を始めていたからだ。

　きっかけは、ナンダ・デヴィを信仰する村の女性たちがつくった。急速に森が破壊される様子に不安を抱いた彼女たちは、自らの身体を木に縛りつけ、世論に訴えかける運動を始めたのだ。一九七四年のことだ。それは「チプコ（抱きつく）」運動と呼ばれ、その後、先進国の環境活動家にも手法は受け継がれた。ただし、その後の運動と決定的に違うのは、彼女たちの行動が、生活に根ざした危機感に端を発している点、最後に守る対象が「女神」であった点だ。「女神の山が破壊されたなら、人間はこの場所で生きてゆけない」という素朴な思いなのである。

　現在は、地元住人でもナンダ・デヴィ周辺地域に立ち入ることはできない。そこで最後の村から山中を二日ほど歩き、女神を小さく望むことができる頂で、拝む。

ナンダ・デヴィの祭の日に供え物として山麓にヤギが放たれる

二〇〇〇年八月、回復した自然を記録するという条件で、一七年ぶりに一回だけの入山が許可された。人間の立ち入らない山裾では、咲き乱れた色とりどりの高山植物が地を這う虫たちと小さな共生関係を生み出していた。氷河から溶け出た水は、聖なる河ガンジスに向かって清らかな水流となっていた。山間を通り抜ける風の音が、女神のささやきのようにも聞こえた。

人間が立ち入らなくなって再び、この場所は「女神だけの領域」へと戻っていた。

（ももい かずま・写真家）

「森の母」ブナの伐採を阻止したクマゲラ

⑫
白神山地
日本

アクセス　JR奥羽本線、JR五能線で付近の駅へ、そこからは車やバス。ただし、コアゾーンへの入山は秋田県側からは禁止、青森県側からも各営林署の許可が必要
所在地　青森県西津軽郡深浦町・鰺ケ沢町、中津軽郡西目屋村、秋田県山本郡藤里町
登録名　Sirakami-Sanchi

「木漏れ日」という言葉がこれほど似合う木々は、ほかにあるまい。まだらな樹皮をまとって、すっくと立つ森の貴婦人は、枝々にたわわな葉を広げ、風の揺らぎに踊っては陽光を大地に招き入れる。そして、落葉。その量は一平方キロあたり三トンにも及び、厚さ一五センチもの腐葉土となる。貴婦人は「森の母」へと変身する。

かつてブナ林は、日本列島に広く分布していた。しかし木材需要が増大した戦後、自然林を針葉樹の植林に代える政策がとられ、この保水性に優れ生命を育む豊かな林が、急速に姿を消した。白神《しらかみ》山地もまた、林道建設のために命脈を断たれる寸前だった。が、この地域で天然記念物であるクマゲラが発見され、林道建設は中止となった。ブナ林の恵みを受けて生息していたクマゲラの「恩返し」といっていい。

白神山地は世界にも希なブナの原生林であるだけではなく、クマゲラをはじめ、イヌワシ、ヤマネなど絶滅の危機にある動物たちの貴重な生息地でもある。

白神山地の谷を削って流れる赤石川。紅葉の美しさもまた、この山地の魅力のひとつ。

大地に根を張る白神山地のブナの原生林。木漏れ日に白く輝く樹皮も優美だ。

紅葉のシーズンには全山が真っ赤に燃える。そして春は山菜の宝庫となる。

南極の近海に浮かぶ「ペンギンの聖地」

⑬
マッコーリー島
オーストラリア

所在地　タスマニア島の南東約1370kmの海上
登録名　Macquarie Island

タスマニア島の南東一四〇〇キロ、南極大陸とのほぼ中間地点にあるこの無人の孤島は、幅五キロ、長さ三四キロの細長い島だ。驚かされるのは、島の海岸部を覆うおびただしい数のペンギンである。島の固有種である黄色い飾り羽根のロイヤルペンギン、体長が九〇センチもあるキングペンギン、赤い眼が特徴的なイワトビペンギン、そしてジェンツーペンギンの四種が、それぞれ数万羽単位の大コロニーを形成しているのだ。今でこそ群れなすが、十九世紀から二十世紀初頭にかけ、採油を目的に年に一五万羽もが乱獲され、絶滅が危ぶまれた。タスマニア州政府が比較的早期に保護に乗り出したため、ペンギンは危機を免れ、島はゾウアザラシやオットセイ、数種のアホウドリなど鳥類にとっても、群生が可能な「亜南極の楽園」となっている。

この領域には、研究者を含め毎年五五〇人までしか入れない。毎年一二月に、世界各地から集まった三八人の自然愛好者を乗せ、政府の特別許可を得た海洋観測船による亜南極諸島ツアーが行われている。

コロニーで換羽（かんう）期を迎えるロイヤルペンギンの群れ。

マッコーリー島のキングペンギン。つねに群れて行動している。

たがいに羽づくろいをするロイヤルペンギン。頭部の黄色い羽冠が特徴。

「共生」に一石を投じたトゥアレグ族

⑭ アイルとテネレの自然保護区

ニジェール

アクセス　首都ニアメから自然保護区へは車をレンタルするか、アガデスからツアーを利用
所在地　ニジェール中北部アガデス地方
登録名　Air and Ténéré Natural Reserves

サハラ砂漠の南に位置するアイル山地と、その東に広がるテネレ砂漠の自然破壊を食い止めるべく、一九九一年に遺産登録されたこの自然保護区は、翌年には「危機にさらされている世界遺産」にも登録されることになった。十一世紀からこの地を自分たちの庭として遊牧生活を営んできたトゥアレグ族が、政府の自然保護政策に強い抗議の声をあげたのである。樹木の伐採も狩猟も禁じられたのでは自分たちの生活が立ちいかないという、生存の権利を賭した主張だった。抗議行動は独立を求める蜂起につながり、やがて内乱にまで発展し、地域全体が危機に見舞われた。幸い九四年に和平条約が結ばれたが、遺産保護と地域住民の共存という新たな問題が浮き彫りになった。

保護区ではアダックスやダマガゼル、バーバリーシープなどの有蹄《ゆうてい》類の絶滅、あるいは減少が危惧されている。アヌビスヒヒやパタスモンキーも地域特有の亜種として貴重だ。またこの地には「緑のサハラ」と呼ばれた新石器時代の文化遺産も多く残されている。

わずかな水のそばにかろうじて生きる植物。アイルのサバンナは年間降水量が約50mm。

「緑のサハラ」といわれたのは遠い昔。アイル山中には当時描かれた岩壁画が残る。

遊牧生活を営むトゥアレグ族は、青い衣服を着用することから「青い種族」の名をもつ。

赤道直下、雪と氷河をいただくアフリカ第二峰

⑮
ケニア山国立公園／自然森林

ケニア

アクセス　登山ルートはナロモル・ルートが一般的。ナロモルへはナイロビからミニバスで約3時間。4月中旬～6月上旬の雨期は避けるのが無難
所在地　ケニアのほぼ中央、赤道直下
登録名　Mount Kenya National Park / Natiural Forest

アフリカ大陸最高峰のキリマンジャロ（五八九五メートル）がコニーデ型のおっとりとした山姿ならば、第二峰であるケニア山は対照的に峨々《がが》たる山容で、剣呑《けんのん》な雰囲気さえ漂わせている。ポーターを同行すれば初心者でも登頂可能なキリマンジャロに対し、山頂部にバットマンの両耳のようにそそり立つケニア山のバティアン、ネリオンの両主峰は、ロッククライミングに長《た》けたプロフェッショナルの踊り場だ。一般登山者が登れるのはレナナ峰（四九八五メートル）までだ。

森林限界の三三五〇メートル以上を国立公園とするこの地で特徴的なのは、動植物の豊かさである。比較的に高度の低い多雨林にはゾウやアフリカスイギュウ、ユキヒョウなどが生息し、岩場にはロック・ハイラックスが走りまわる。

標高四〇〇〇メートルを超えると、ジャイアント・ロベリアやジャイアント・セネシオなど巨大な植物の群生に出会う。赤道直下ながら万年雪をいただくこの山は、興趣たっぷりな魅力にあふれている。

岩場を棲処とするロック・ハイラックスは「山の人気者」である。

大きなブラシ状のジャイアント・セネシオ。

巨大なキャベツ様のジャイアント・ロベリア。

バティアン(5119m)。地球温暖化により、氷河も後退しているという。

万年雪と氷河を見ると、ここが赤道直下とはとても思えない。右がケニア山の主峰

マウンテンゴリラの繁殖に成功した森

⑯
ブウィンディ原生国立公園
ウガンダ

アクセス　ケニアのナイロビ経由で首都カンパラへ。カンパラからカバレへバスで5時間。そこから公園事務所まで乗り合いトラックまたはタクシー
所在地　ウガンダ南西部
登録名　Bwindi Impenetrable National Park

ゴリラはサルの仲間でもっとも形態が人間に似ている。それゆえに擬人化されることが多く、映画「キングコング」のように人間の美女に恋慕する哀しい役まで振りあてられる。その親近性が人間社会の勝手な需要を高め、密猟や生け捕りが横行し生息数の激減を招いた。

世界最大のマウンテンゴリラ繁殖地であるブウィンディは、一九七〇年代に内戦の戦禍に見舞われ、保護政策が行き届かず、八〇年代初頭にはわずか一〇〇頭ほどにまで減少してしまった。しかし、一九三二年に森林保護区を設け、のちには希少動物の保護区にも指定されていたこの地の対応は早かった。一九八六年に自然保護計画を策定すると、九〇年代初めには国立公園化し、より積極的な保護政策を推進した。特筆に価するのが、地域住民への配慮である。農林業者のために公園周辺に一定の開発エリアを設けて生活権を確保し、同時に保護地区を観光開発して、保護と生活の共生を目指したのである。一九九三年からはマウンテンゴリラ見学ツアーも開始して多くの観光客を誘致、

スコールの去ったブウィンディの森。この熱帯多雨林が、貴重な動植物を守る。

収益を公園管理にあてるという好循環も生んだ。その結果、マウンテンゴリラの個体数は約三〇〇頭にまで回復をみた。

アフリカゾウやチンパンジー、ロエストグエノンなどの動物も多く生息し、蝶の宝庫としても知られるブウィンディ国立公園は、自然保護のモデル地区としても注目を浴びている。

「森の巨人」マウンテンゴリラの母子。

ブウィンディの森に咲く色鮮やかなノボタンの仲間の花。熱帯に広く分布する。

熱帯雨林はキノコの森である。立ち枯れした木の幹や林床の至るところに姿を見せる。

神話の時代からの歴史をもつ地中海の火山島群

⑰
エオリエ諸島
イタリア

アクセス　本島ミラッツオからリパリ島までアリスカーフォ（高速船）で約1時間、フェリーでは2時間。そのほかの島はリパリ島を経由する
所在地　イタリア南部メッシナ県。シチリア島の北方海上
登録名　Aeolian Islands

エオリエ諸島はイタリアの「長靴の爪先」と向きあうシチリア島の北方海上に浮かぶ火山島群である。ホメロスの「オデッセイア」では風の支配者アイオロスがすむ島とされ、アイオロスのイタリア名が転訛《てんか》して、「エオリエ」の名をもつ。この神話的な世界に由来する島々は、白砂の続く砂浜、切り立つ絶壁と複雑な曲線を描く入り江、多くの湾口と洞窟など、先史時代そのままの自然を残し、訪れる人々を魅了する。

七つの諸島中最大のリパリ島には六〇〇〇年前から人々が定住し、先史時代の集落カステッロにはギリシアのアクロポリスがあった。また、カテドラーレはノルマン時代に創建された大寺院で、十七世紀にバロック様式に改修されたものだ。

現在も火山活動を続けているのはヴルカーノ、ストロンボリの両島。前者は島に近づくだけで硫黄の匂いが漂い、後者は間欠的に溶岩を噴きあげているため「地中海の灯台」との異名をもつ。島々を結ぶフェリーを使って、歴史に触れ、自然を満喫しようとする観光客も多い。

エオリエ諸島中最小のパナレア島。地中海の青色に奇岩がコントラストをなす。

諸島のもっとも南に位置するヴルカーノ島の火口からは今も噴煙が昇る。

ヴルカーノと並ぶ活火山、ストロンボリ島。夜間は噴きあがる溶岩が赤く輝く。

先史時代の居住地も発見されているフィリクーディ島の景観。

極北の力強い自然を楽しむ

⑱
ウッド・バッファロー国立公園
カナダ

アクセス　バンクーバーからエドモントン経由の飛行機で、フォート・スミスまで約3時間。拠点となるフォート・フィッツジェラルドまでは車
所在地　アルバータ州ノースウェスト
登録名　Wood Buffalo National Park

ウッド・バッファロー国立公園は、その名のとおりウッド・バッファロー（モリバイソンの俗称）を保護するために、一九二二年、国立公園に指定された。当時、すでに絶滅が危惧されていたウッド・バッファローを繁殖させるため、別亜種とのかけあわせが図られたが、新来の亜種がウシの伝染病を運んできたため、さらに危機的な状況が増すという結果を生んだ。加えて六九年に公園周辺にダムが完成して牧草地が減り、六〇年代初頭に一万頭近くを数えた個体数は、一九八七年には四五〇〇頭まで減少した。その後、個体数は回復し、現在では五〜六〇〇〇頭が群れをなし、世界最大の生息地を誇っている。

北極点まで八〇〇キロ、カナダ北部のアルバータ州とノースウェスト準州にかけて広がるこの公園は、一九二六年に面積を拡張し、総面積四万四八〇〇平方キロと世界最大級の国立公園である。面積の拡張はウッド・バッファロー以外の貴重な動植物の保護にもつながった。一九四〇年にはわずか二一羽にまで減ったアメリカシロヅルにとって、

北天の星々を背景に針葉樹林帯の上空に舞う幻想的なオーロラ。

この地は世界で最後に残った繁殖地で、現在は約一一〇羽が生息する。カナダガン、ハクガンなどの渡り鳥はここで夏を過ごし、ハヤブサにはカナダ中部で最後の生息地である。公園内最大の猛獣アメリカグマ、ホッキョクギツネ、オオカミ、ヘラジカ、カリブーなどツンドラ寒冷地帯特有の動物も多く生息している。

亜北極的景観も、公園の大きな魅力のひとつだ。果てなく続く大草原、大小の湖沼を囲む針葉樹林、ピース川とアサバスカ川がアサバスカ湖にそそぐ公園内部にある世界最大の内陸淡水デルタ、そしてスレーヴ川流域のカルスト地形の低地にあらわれる広大な塩の原野、すべてが非日常的な「北の大地」である。

海水のクリーク上を行くウッド・バッファロー。

スレーヴ川の早瀬で遊ぶアメリカシロペリカンの群れ。

スレーヴ川とピース川がつくる三角洲の低湿地で見られる塩の原野。

環境保護で国際協調を実践する

⑲ ウォータートン・グレーシャー国際平和公園

アメリカ・カナダ

アクセス　サンフランシスコ経由でソルト・レーク・シティまで約11時間。そこからカリスペルまで飛行機で約1時間30分。さらに車で約45分
所在地　カナダのアルバータ州南部、アメリカ合衆国モンタナ州北部の国境地帯
登録名　Waterton Glacier International Peace Park

登録名に「国際平和」の文字が刻まれている世界遺産は、ここをおいてほかにない。地球上の貴重な自然を人類共通の財産とみなす世界遺産の理念を先取りし、一九三二年に二国間共同の自然保護を謳《うた》って発足したこの公園は、まさに国際平和の名を冠するにふさわしい。

カナダのアルバータ州に属するウォータートン湖国立公園、そしてアメリカはモンタナ州のグレーシャー国立公園。二つの公園は国境をまたぎ、ロッキー山脈中で隣接している。山々とみごとな光景を織りなして三つの湖が続くウォータートン湖を中心とする前者、アメリカ大陸の分水嶺が西側の山岳地帯と東側の草原地帯を分かつ後者。ともにロッキー山脈の氷河地形と大草原を擁し、「山脈が大平原に出会う場所」として豊かな自然を残している。

この公園はマウンテンゴートやビッグホーン、コヨーテなどの野生動物、イヌワシ、ハクトウワシなどの鳥類、豊富な植物に地衣類など、大自然を保護することで国際平和に寄与している。

氷河地形を背景にしたグレーシャー国立公園のグリンネル湖。手前はベアグラス。

氷河に浸食されて生まれた雄大な風景。

水深135mのアッパー・ウォータートン湖。地球の地殻変動によって形成された山脈が、

四〇〇〇メートルの垂直分布に広がる多様な「種」

⑳
サンガイ国立公園
エクアドル

アクセス　中央アメリカの各都市を経由して、ヌエベ・デ・オクトゥブレへ。そこからツアーを利用
所在地　エクアドル中部の山岳地帯（モロナ・サンティアゴ州、チンボラソ州、トゥングラワ州）
登録名　Sangay National Park

地球上でもっとも長期にわたって火山活動を続けたとされるサンガイ山（五四一〇メートル）の名を冠してはいるが、この国立公園は標高八〇〇～五〇〇〇メートル、アマゾン低地の熱帯雨林からアンデス山脈の高地帯までを含み、じつに多種多様な動植物相の垂直分布を見せる生物圏保護区である。

アマゾン川上流、マラニョン川流域の熱帯雨林ではジャガーやピューマなどの猛獣、大型の齧歯目《げっし》であるパカ、カピバラ、アメリカバクなどが生存競争を繰り広げ、密林にはアカホエザルの叫びが響きわたる。木々の間に鮮やかな燐光《りんこう》を発する巨大なモルフォチョウが舞い、極彩色のコンゴウインコをはじめ四〇種以上のオウムがはばたく。

標高二〇〇〇～三〇〇〇メートルの雲霧林には、南米大陸唯一のクマ科の動物であるメガネグマ、大陸最小のシカであるオナシプーズー、ヤマバクなど希少動物が生息している。減少が懸念されているコンドルが飛ぶ上空を見上げると、そこは万年雪をいただくアンデス山系だ。

両翼を広げると3mにもなるアンデスコンドルの雄姿。

雲霧林に生息するメガネグマは目の周りの白い輪が特徴。夜に活動する。

に広がる。冠雪しているのはエクアドル最高峰チンボラソ山(6310m)。

サンガイ国立公園は東部アンデス山系のサンガイ山の東部斜面（エル・オリエント）

「葉十字の神殿」ほか特色ある建物が密林のなかに配置されている。

古代都市国家パレンケは6〜8世紀に全盛期を迎えた。「宮殿」を中心に、「碑文の神殿」

鬱蒼とした緑に隠されていた王家の墓

㉑ 古代都市パレンケと国立公園

メキシコ

アクセス　メキシコ・シティからバスで約16時間、またはメリダから約10時間
所在地　チアパス州パレンケ
登録名　Pre-Hispanic City and National Park of Palenque

一九五二年六月一五日。マヤ文明の古代都市パレンケ遺跡のなかでもひときわ高い「碑文の神殿」。その基壇部分をなすピラミッドの地下室に三年がかりでようやくたどりついたメキシコの考古学者は、壁面にはめこまれていた巨大な石板をはずしにかかった。そして、その向こう側に見えたものは……。鍾乳石のつららが垂れさがる、魔法の洞窟のような広い部屋。入り口近くには殉死者と思われる遺骨が数体。不思議な浮彫が施された重い石蓋をどけると石棺があった。

そのなかから数々の装飾品とともに発見されたのは「翡翠《ひすい》の仮面」をかぶった王の遺体であった。中央アメリカのピラミッドはエジプトの王墓とは異なり、単に神殿の土台にすぎないとの定説を覆したこの発見は、考古学界に一大センセーションを巻き起こしたのであった。

ホエザルの声が響く樹林のなか、丘や小川などの自然と穏やかに調和するパレンケの建築物。その洗練された造形美、優しいモチーフの浮彫はマヤ遺跡のなかでも独特のもので、全容の解明が待たれている。

マヤ建築では珍しい4階建ての塔を備えた「宮殿」。天体観測塔と考えられている。

「碑文の神殿」の墓室。石棺を覆う蓋には宇宙船の図柄に見える不思議な浮彫がある。

メキシコ中央高原の壮大なスケールの都市

22
古代都市テオティワカン
メキシコ

アクセス　メキシコ・シティからバスで約1時間
所在地　メキシコ州テオティワカン、メキシコ・シテイの北東約40km
登録名　Pre-Hispanic City of Teotihuacan

　ピラミッドといえば真っ先にエジプトのクフ王のものを連想する。が、それに匹敵するような遺跡がメキシコ中央高原にそびえている。「太陽のピラミッド」は、底辺の長さが約二二〇メートル、体積ではクフ王のピラミッドをしのぐ巨大さ。夏至の日の太陽が正面中央の真向かいに沈むことから、太陽の軌道を計算して築かれたと見られている。

　テオティワカンは、紀元前二世紀頃から都市の原型ができはじめ、四世紀半ばから七世紀半ばにかけて黄金時代を迎えた。二〇平方キロもの規模に二〇万人もの人が住んでいたと推測される。南北を一直線に貫く「死者の大通り」沿いに建造物や大広場、一般人の居住区などが整然と配置されている。「太陽のピラミッド」と「月のピラミッド」「ケッァルコアトルの神殿」など多くの建造物は、独自のタルー・タブレロ様式で築かれ、壁面は造形化された神々や謎めいた動物の浮彫、多彩なフレスコ画などの洗練された装飾で飾られている。

　しかし、七世紀半ば、繁栄を誇った都市国家は突然衰退する。廃墟

ケツァルコアトルの神殿には、神々の頭部の石彫像が立体的にはめこまれている。

ドームがすっぽり入ってしまう壮大さ。

遺跡から出土した6世紀頃の香炉。

となったこの都市をアステカ人が発見し、テオティワカン（神々の座）と名づけて聖地とするのは、六〇〇年余りものちのことである。

そもそも都市をどんな種族がつくったのか、そしてなぜ滅んだのか。すべては謎である。ただ、彼らの文化がマヤ、アステカなどへ伝播《でんぱ》し、その後の文明に大きく影響を与えたことは間違いない。

大規模なテオティワカン遺跡。左に見える「太陽のピラミッド」の面積だけ見ても、東京

謎の残る先住民の断崖住居跡

㉓ メサ・ヴェルデ

アメリカ

アクセス　ラスベガスから車で約9時間
所在地　コロラド州南西部
登録名　Mesa Verde

メサ・ヴェルデとはスペイン語で「緑の台地」。常緑樹が生い茂る断崖の大きな岩陰に先住民アナサジ族の住居がそのまま残されている。

狩猟と採集の生活を送っていた彼らは、七、八世紀頃からコロラド、ユタ、アリゾナ、ニュー・メキシコの四州が接するフォー・コーナーズ周辺に定住し、農耕生活を始めた。灌漑《かんがい》水路を整備し、地下に礼拝所（キヴァ）を設けるなど高い技術をもっていた。やがて十二世紀末、この険しい断崖の谷間に移住してくる。彼らは出入りも困難な狭い空間に石や日干しレンガを積みあげた住居を数多くつくった。雨露を避けられる断崖住居は、同時に外敵の侵入を防ぐ天然の要塞でもあった。

なかでも最大規模の住居跡クリフ・パレス（断崖宮殿）は十三世紀頃のもので、二五〇〇人前後が住んでいた。複雑な四層構造になっており、縄ばしごや移動式のはしごを使って出入りしたようだ。

メサ・ヴェルデ国立公園のレンジャーが引率するツアーに参加すると、見学者も絶壁にかけたはしごを上り下りしたり、岩の狭い隙間《すきま》を

クリフ・パレスは、217の部屋と23のキヴァがある最大規模の断崖住居だった。

はったり、先住民になった気分がスリリングに味わえる。石斧《いしおの》、動物の骨や角でつくられた小道具、洗練されたデザインの陶器の出土品や、主食のトウモロコシを粉にする作業場など、アナサジの人々の生活を垣間見ることもできる。

十三世紀末、彼らはここから忽然《こつぜん》と姿を消した。当時の大干ばつが原因ともいわれるが、理由はいまだ解明されていない。

日干しレンガと泥でつくられた住居。

ケルト文化を色濃く残す孤島の修道院

㉔ スケリッグ・マイケル

アイルランド

アクセス　ダブリンからキラーニー駅まで列車で約3時間40分。そこからバスでカーシビーンへ。さらに船
所在地　ケリー州南西部沖合
登録名　Skellig Michael

荒れすさぶ海、そそり立つ絶壁、ゴツゴツした岩盤にはわずかな土くれ……。アイルランド南西の沖合に浮かぶスケリッグ・マイケル島の景観はあまりにも厳しい。

訪れる人もないこの古代ケルトの聖地には、七世紀初めに建てられた初期キリスト教時代の修道院がそのまま残っている。礼拝堂や僧房、テラスなどヨーロッパに現存するなかでもっとも古い時代のものだ。石積みの壁や蜂の巣と呼ばれるドーム状の建物、そして石に刻まれた十字架。これらはケルト民族の石の文化を伝えている。

修行僧たちはここで雨水を蓄え、痩せたわずかな土地を耕し、海鳥や海藻をとって日々を送った。生きていくことそのものが修行であった。こうした自己追放の苦行に挑んだ彼らが築いた修道院の跡はアラン島などの孤島や荒野にも見られる。一〇〇〇年以上もの風雪に耐えてきた石。そのひとつひとつが修行僧たちのアイルランド魂、苦難に負けない不撓不屈《ふとうふくつ》の精神を訴えかけてくるようだ。

スケリッグ・マイケル島は、面積わずか0.18km²。島というより岩山の印象だ。

スケリッグ・マイケルは絶海の孤島。格好の修行の地であった。

粗石を積みあげた「蜂の巣」と呼ばれる僧房。僧たちはなにを思って暮らしたのだろう。

ローマ帝国最大の神殿遺跡

㉕
バールベック

レバノン

アクセス　ベイルートから車で約2時間
所在地　ベイルートの東約90km
登録名　Baalbek

　レバノンのベカー高原に古代フェニキア人によって太陽の都と崇《あが》められたバールベックがある。ローマ帝国の支配のもとでフェニキアとローマの神々とを習合させた聖地となり、歴代のローマ皇帝たちは二〇〇年間にわたって次々と巨大な神殿を築いた。そのなごりか、今もバールベックには一〇〇〇トンを超す巨石がごろごろしている。

　バッカス神殿は一五〇年頃の建築で、屋根以外はほぼ原形をとどめている。アラベスク模様やコリント式円柱などが特徴的である。

　ビルの七階分ほどの高さの柱が林立していたジュピター神殿。アテネのパルテノン神殿をもしのぐ壮大さで、ヘレニズム期建築の代表といえる。柱頭部分の豪華な装飾にも当時の絶頂期がしのばれる。ヴィーナス神殿には貝殻から誕生するヴィーナスの絵が残っている。

　四世紀、神殿建設は中断され、聖地バールベックは未完成のままとなる。さらに異教徒による破壊や地震・内戦によって荒れ果てたこの聖地。いつか恒久の平和が訪れることを祈りたい。

誇っていた。当時の聖都バールベックはどんなに美しかったことだろう。

ジュピター神殿(左)には高さ20mの柱が58本も林立し、ローマ帝国最大級の威容を

鉄器を駆使したヒッタイト王国の都

㉖ ハットゥシャ

トルコ

アクセス　アンカラからスングルルまでバスで約3時間。そこから乗り合いタクシーで約30分
所在地　中部アナトリア、アンカラの東約200km
登録名　Hattusha

アナトリア高原をバスに揺られていくと、オレンジ色の瓦が続く小さな村に着く。史上初めて鉄器をつくりだしたヒッタイト族の古都ハットゥシャ（現在はボアズカレ）である。彼らは紀元前十七世紀から前十二世紀にかけて鉄製の兵器や馬、戦車を用いて古バビロニア帝国からシリアまでを手中におさめ、オリエント一帯を支配した。

今は広漠とした風景のなかに、大小三〇もの神殿や城塞、貯蔵庫などの遺構が見られる。街を取り囲む周囲六キロの城壁には「王の門」「獅子門」と呼ばれる城門があり、南端の「スフィンクス門」には城外に通じる長さ七〇メートルの地下道も設けられていた。ハットゥシャから発見された大量の粘土板文書により、カディシュの戦いで実際はエジプト軍が撤退したことなど、興味深い事実も明らかになった。

紀元前一二〇〇年頃、地中海域から侵入した他民族により、王国は崩壊する。それまで厳重に秘されてきた製鉄技術は一気に中東全域に広がり、鉄器時代の幕開けとなった。まさに価値ある滅亡であった。

城壁西側の門には魔除けの獅子が彫られている。門は本来アーチ形をしていた。

神殿の周りに残る貯蔵庫跡に、食料などを入れたと思われる壺が多数見つかっている。

昔日の栄華を物語るオベリスク群

27 アクスムの考古遺跡

エチオピア

アクセス　首都アジスアベバから飛行機を乗り継ぐ
所在地　エチオピア北部、ティグレ州。エリトリア国境付近
登録名　Aksum

エチオピア高原北部にあるアクスムには、巨大なオベリスクが一三〇基余りもそびえている。アクスムは紀元前におこったエチオピア最古の王国で、紅海貿易の中心地であった。当時のアクスム王国の栄華が、一～四世紀にかけて建てられたオベリスク群に象徴されている。

オベリスク頂上部分の半月状の石板はエチオピア古代信仰の対象だった月の神をあらわしている。エジプトのカルナック神殿の高さをしのぐ三三メートルのオベリスクもあるが、倒壊しているのが惜しい。

四世紀、キリスト教が国教とされ、王国は新たな繁栄を極める。エザナ王によって創建された大聖堂では、王都がラリベラに移ってのちも歴代の国王の戴冠式《たいかんしき》が行われた。伝説によると、エチオピア建国の祖は、ダビデの子ソロモン王と南アラビアのシバの女王との間に生まれたメネリク王。モーゼの十戒が収められたとされる契約の櫃《ひつ》「アーク」は、メネリク王が手中にし、アクスムの大聖堂に保管されているといわれている。そのため聖都アクスムへ今日もまた巡礼者が訪れる。

王の墓標ともいう高さ23mのオベリスク。本来の場所にあるのはこの1基のみである。

エチオピアは現在もキリスト教信者が多い。アクスムでの儀式にも多くの人が集まる。

花崗岩でつくられたオベリスクの表面には扉や窓をモチーフとした装飾がなされている。

緑豊かだったサハラの記録

㉘ タドラット・アカクスの岩壁画

リビア

アクセス ガートから車で砂漠を30km走るため、ガイドが必要
所在地 ワディ・エル・ハヤット県
登録名 Rock-art Sites of Tadrart Acacus

いつの時代にも、そしてどんなところにも芸術家は存在したのだと感心させられるのが、タドラット・アカクス山脈の岩陰から発見された岩絵である。のびやかに走る人々の姿、単純な線でいきいきと描かれた動物たち。それらの絵は、荒涼としたサハラ砂漠がかつては気候に恵まれ、緑豊かなサバンナであったことを物語っている。

もっとも古い時代の絵は「野生生物の時代」と名づけられ、紀元前一万二〇〇〇年から前八〇〇〇年にかけて描かれた。ゾウやサイ、キリンなど大型の哺乳動物が棲息していたことを裏づける。それに続く紀元前四〇〇〇年頃までは「円頭人物の時代」あるいは「狩猟民の時代」。彩色画も加わって古代人の生活を鮮やかに伝えてくれる。

紀元前一五〇〇年頃までの「牧畜の時代」または「ヒツジ飼いたちの時代」には、雄牛が多く描かれている。紀元前数百年頃までが「ウマの時代」。そして、紀元前後に「ラクダの時代」へ。こうした図柄の変化は、そのまま人々の社会生活の情景を記録することになった。

には戦車を引いて走るウマが登場。一帯の砂漠化が進みつつあった。

タドラット・アカクスの岩壁画。紀元前1500年から前数百年頃までの「ウマの時代」

タドラット・アカクス山脈の連なるフェザン地方は、かつて緑あふれる土地だった。

岩に描かれた動物の種類は、湿潤な土地が砂漠化していく過程をありありと伝える。

廃墟に黄金の都をしのぶ

㉙ 古都アユタヤと周辺の古都

タイ

アクセス　バンコクから列車、またはバスで約2時間
所在地　バンコクからチャオ・プラヤ川を北に70km
登録名　Historic City of Ayutthaya and Associated Historic Towns

四方を川と運河に囲まれた古都アユタヤ。アユタヤ王朝は十四世紀半ばから約四〇〇年間、交易の中心地として繁栄した。歴代の君主は自らを神格化し、贅《ぜい》を凝《こ》らした美術品や工芸品をつくらせた。石や青銅製の仏像、あるいは装飾に覆われた宝冠仏や壁画など、独自のアユタヤ美術が発達し、仏教美術が花開いた。

鐘楼形の仏塔に王の遺骨が納められているアユタヤ最大の寺院ワット・プラ・シー・サンペットや地下室から壁画が発見されたワット・ラーチャ・ブラナほか、建造物も数多い。アユタヤ建築の先駆けとなった寺院ワット・プラ・マハ・タートは、燦然《さんぜん》と黄金色に輝いていた。しかし十八世紀、アユタヤはビルマ軍に徹底的に破壊され、黄金の都は廃墟と化した。遺跡に残る崩れ落ちた仏塔、首や腕のない仏像、焼け焦げた寺院の壁……。それらはこの都の盛衰をなによりも雄弁に物語る。地に落ち、長い間に木の根に取り込まれてしまった仏顔。前に捧げられた供物《くもつ》に、古都に住む人々の篤《あつ》い信仰心が感じられる。

鐘楼形の仏塔が印象的なアユタヤ最大の寺院ワット・プラ・シー・サンペット。

静かに瞑目するワット・プラ・マハ・タートの仏像。かつては黄金輝く寺院だった。

ビルマ軍に破壊され倒壊したままの仏像が多い。ワット・ラーチャ・ブラナにて。

港街に築かれた多様な石の芸術品

㉚ マハーバリプラムの建造物群

インド

アクセス　チェンナイ（旧マドラス）からバスで約2時間
所在地　チェンナイの南約60km
登録名　Group of Monuments at Mahabalipuram

チェンナイから南へ六〇キロ。海辺の小さな街に入ると、そこかしこからコチカチと石を彫る槌音《つちおと》が聞こえてくる。バラエティ豊かな石の建築物が点在している港街マハーバリプラムならではの音である。

パッラヴァ王朝最盛期の七、八世紀初めにかけて、数多くのヒンドゥー教寺院や彫刻がマハーバリプラムの岩山や海辺につくられた。

花崗岩を穿《うが》ってつくられた洞窟状の石窟寺院は一〇を超える。外の強い陽差しとは別世界のようにひんやりしている寺院の内部。その壁面いっぱいに施された彫刻にはインド美術史上に残る傑作もあり、柱の脚部にはパッラヴァ王朝の象徴であるライオンの彫刻も見られる。

訪れるものを圧倒するのが世界最大の岩壁彫刻。高さ九メートル、幅二七メートルの見上げるような巨大な岩山に、叙事詩『マハーバーラタ』の「アルジュナの苦行」とも、神話の「ガンガーの降下」ともいわれる幻想世界が詩情豊かに描き出されている。天を舞う神々と動物のいきいきとした動き、柔和で立体感のある表現がなんともおおら

マハーバリプラムの中心にある岩壁彫刻。一枚岩からの浮彫としては世界最大。

かで魅力的だ。

天然の岩塊から掘削された石彫寺院はパンチャ・ラタ（五つのラタ）。ラタは、ヒンドゥー教の神が宿る木造の山車《だし》のようなもので、それぞれが南インドの建築様式を伝える岩の博物館といえよう。

青い空、青い海。コントラストも鮮やかに、ベンガル湾の波打際にふたつの尖塔を見せる海岸寺院。切石を積みあげて築いた南インドで最初の石造寺院で、シヴァ神とヴィシュヌ神がまつられている。

丘の上にクリシュナのバターボールと呼ばれる巨岩が今にも転がり落ちそうなバランスでとどまっている。パッラヴァ朝の王が象を使って動かそうとしたが、びくともしなかったという伝説が残る。

風化が危惧されるマハーバリプラムの海岸寺院。19世紀末に砂のなかから発掘された。

石窟寺院の壁面には神話の世界が広がる。神と農民と牛との平和な情景が印象的。

動乱の世に生まれた仏教美術

31

龍門石窟

中国

アクセス　洛陽空港から市内までバスで30分、または鄭州から列車で2時間。そこからバスで約30分
所在地　河南省洛陽市
登録名　Longmen Grottoes

中国の三大石窟である雲岡《うんこう》、敦煌《とんこう》、龍門《りゅうもん》は、いずれも三国・南北朝時代に開削が始められている。これは漢《かん》王朝の滅亡から唐《とう》が再び全土を統一するまでの間、すなわち三世紀前半から六世紀後半にかけての時期である。それは中国が南北や東西に分裂し、複数の民族と国家がめまぐるしく興亡を繰り返した時代だった。

北方異民族の王朝北魏《ほくぎ》は、仏教を篤《あつ》く信奉して雲岡に大石窟をつくり、洛陽《らくよう》に遷都（四九四年）後は、近郊にある龍門の石灰岩の山に石窟を造営した。あたかも動乱の時代に生きていく心の支えにするかのように、皇帝はもとより貴族や庶民たちもこぞって仏教に帰依《きえ》し、石窟を数多く寄進した。そのことがわかるのは、造像記が仏像の脇に彫り込まれているからで、銘文はさまざまな情報に満ちている。

北魏時代の龍門の仏像は、面長で痩身《そうしん》、中国風の裾広がりの服に幅広の帯を締めているのが特徴で、繊細な表現が魅力である。

五三四年に北魏が滅んだのちも、造営が進められ、南北一キロにわ

北魏の賓陽中洞、ほほえむ如来像。

たって二〇〇〇を超える窟がある。
中心となるのは山腹を約三〇メートル四方に切り開いた奉先寺洞《ほうせんじどう》で、唐代初め、高宗の勅命によるもの。本尊の盧舎那仏《るしゃなぶつ》は像高一七メートルもあり、左右に羅漢《らかん》、菩薩《ぼさつ》、力士、天王、計八体が立つ。豊満な体や厳しい表情は、明らかに時代の好みの変遷を物語っている。

造営で、日本の仏教美術の源流といわれる。

中央が龍門石窟の中心、奉先寺洞の盧舎那仏。顔の長さだけで4mと巨大。唐代の

南海に花開いた独自の文化

32
琉球王国のグスクおよび関連遺産群
日本

アクセス　首里城へは那覇空港からバスで約45分。斎場御嶽へは首里からバスで約50分。今帰仁城跡へは名護からバスで約10分
所在地　沖縄県今帰仁村、読谷村、勝連町、北中城村、中城村、那覇市、知念村
登録名　Gusuku Sites and Related Properties of the Kingdom of Ryukyu

かつて琉球《りゅうきゅう》王国は、東アジアきっての中継貿易地として栄華を極めていた。中国の明《みん》朝に忠誠を誓って貿易を許され、朝鮮、東南アジア、日本を結ぶ海上ルートを押さえたのである。沖縄では、海外貿易で栄えた十四世紀後半から十六世紀中期を「大交易時代」と呼んでいる。二〇〇〇年に新しく遺産登録された琉球王国のグスク（城）は、この時代に築かれた。グスクとは、十二世紀頃から農村集落を基盤に群雄割拠した「按司《あじ》」と呼ばれる豪族が築いた城塞である。

一四二九年、覇権を競っていた三王国のなかで、拠点を首里城とする中山《ちゅうざん》王が琉球全土の統一を果たした。以後、首里《しゅり》城《じょう》には美しい建築が立ち並び、諸国の文化が融合した独自の王朝文化が花開いた。

首里城は、一九四五年の沖縄戦で灰燼《かいじん》に帰したが、一九九二年に正殿や北殿などが復元され、琉球王国の華やかさをしのばせる。また王家の別邸識名園《しきなえん》、王家の陵墓玉陵《たまうどぅん》、国家の祭祀場である斎場御嶽《せいふぁうたき》など、琉球王国特有の信仰・文化を示す九つの史跡が遺産に含まれている。

自然崇拝を基とする琉球最高の聖地斎場御嶽。天然の石灰岩が聖域を形づくる。

滅んだ。小高い丘に、石灰岩を用いた城壁が1.5㎞にわたって続いている。

三王国のうち、北山を治めた国王の居城、今帰仁（なきじん）城跡。琉球統一によって

栄光の琉球史跡を訪ねて

三好和義

僕が初めてのひとり旅で沖縄を訪れたのは、一九七二年、本土復帰の年だった。中学二年のときである。以来何十回も通い、それなりに沖縄を知っているつもりでいた。ところが、世界遺産に登録される琉球王国の史跡を撮影するにあたって、自分が今まではほとんど沖縄の歴史を知らなかったことに気がついた。

まずは琉球大学教授高良倉吉《たからくらよし》氏に話を伺うことから始まった。たとえば、グスクには、ふつう「城」という文字が当てられているが、日本の城の概念よりは、霊的な意味が強く、「聖域」を意味するという。沖縄にはグスクが数多く残され、その石の積み方によってつくられた時代がわかるそうだ。石組みの高度な技術は、本土よりも相当早く確立していたらしい。

長い時を経て、建物は跡形もないが、がっしりと積まれた石垣だけは消滅することなく残されている。まずはグスクに立ち、城跡からそこにどんな城が立っていたのか想像してみる。

中城城跡。琉球王朝の重臣、護佐丸の居城だった

グスクはみな小高い丘に建てられている。勝連《かつれん》城跡や中城《なかぐすく》城跡では、蒼い空のもと、はるかに珊瑚礁の青く広い海を見下ろすことができる。城から眼下の港に入港してくる貿易船を見る……僕は往時の様子を思い浮かべながらシャッターを切った。そして城跡から出土した、中国、ベトナム、日本などのやきものから、十四世紀から十六世紀にかけて海上交易で栄えた時代に思いを馳せる。それは、ま

ったく知らない古《いにしえ》の世界を垣間見るようで、楽しい作業だった。

また、復元された首里《しゅり》城を訪れて感じたのは、中国の影響である。龍の意匠、朱を中心に黄、緑、金などの多彩な色遣い、石の高欄《こうらん》など、城というより宮殿のイメージだ。同じく世界遺産に登録されている、無彩色で、凛《りん》と天守がそびえる姫路城を思い浮かべると、その文化の違いに改めて驚かされる。沖縄は東アジアと東南アジアを結ぶ中継点にあり、世界のどこにもない独自の文化を育んだのだ。

首里城を昼間に撮影すると、華やかな歴史の表舞台だった時代を想像しにくいと思い、夕方の光を待って丘の上に燦然《さんぜん》と輝いて立つ城を撮影した。

首里城から歩いていける距離に王家の陵墓玉陵《たまうどぅん》がある。しかし、ここまで足を伸ばす観光客は多くない。まして座喜味《ざきみ》城跡や勝連城跡を訪れる人はまれだった。

今回の取材でとくに印象に残ったのは、沖縄最高の聖域といわれる斎場御嶽《せいふぁうたき》である。ここには、訪れるのがはばかれるような雰囲気

那覇港を見下ろす丘陵上によみがえった首里城

があった。琉球王朝の国家的な聖地で、王家一族から選ばれた女性が王権の祭祀をつかさどっていたという。祭政一致の古代政治、あるいはインドのマハラジャ（藩王）が連想される話である。信仰は今に生き、行事も執り行われているが、撮影は許されない。沖縄が独自の精神世界を持ち続けていることを実感する撮影行であった。

これらの史跡が世界遺産になったことにより、訪れる人も増えるだろう。沖縄が海のルートでアジアの各国を結ぶ架け橋となっていた時代に思いを巡らせてもらいたいと願う。僕はそういうメッセージを込めて、沖縄の文化遺産を撮影した。

（みよし かずよし 写真家）

インの王宮。船の右奥の灰色の建物はフランス支配時代のヌオーヴォ城。

第四章 都市の歴史を探る

陽光あふれるナポリにはさまざまな支配者の遺跡が残る。手前左の赤褐色の建物はスペ

屈従の歴史から生まれた混沌とナポリっ子気質

㉝ ナポリ歴史地区

イタリア

アクセス　ローマから特急列車で約2時間
所在地　イタリア南部カンパーニャ州、地中海沿岸
登録名　Historic Centre of Naples

さすがはカンツォーネの街。人々の声の大きさといったらまるで歌でも歌っているようだ。スパッカ・ナポリでは今日も、みごとな肉づきのおばさんが派手な身ぶりでおしゃべりに興じている。決して美しいとはいえない干し方の洗濯物が頭上にはためき、旅行者相手の店はやる気があるのかないのかわからない。ナポリを訪れた人が必ず口にするのがこの街の騒がしさといい加減さ、そして人々の陽気さだ。

スパッカ・ナポリはナポリの下町にある通りの名で、「まっぷたつ」の意味。古代ギリシアの植民地だった時代に幹線道路としてつくられた通りだ。幅五メートルほどのこの細い通りを中心に今も庶民の暮らしが営まれている。ごちゃごちゃとした建物に混じって、フランス風ゴシック建築と美しい中庭で知られるサンタ・キアラ教会や、スペイン風のジェズ・ヌオーヴォ教会がたたずんでいるのもこの街らしい。

ナポリは紀元前五世紀から十九世紀まで、ギリシア、ローマ、ビザンチン、フランス、スペインなど次々と時の支配者たちに占拠された

ナポリの人々の日々の営みに触れたいならスパッカ・ナポリへ。

波乱の歴史をもつ。デッローヴォ城（卵城）、カプアーノ城、ヌオーヴォ城、サン・エルモ城。さして広くないナポリにいくつもの城や王宮が残されているのはそのためだ。さらにこれらの建物が火災や地震に被災したのちに、その時代の好みにかなうように再建、修復されている。街の様子が多彩になるのも当然だろう。

街の喧噪《けんそう》と歴史の複雑さに疲れを覚えたら、特効薬はナポリ名物「ピッツァ・マルゲリータ」。現代のナポリの一番の名物かもしれない。

17世紀にスペイン王のために築かれた王宮。大理石の階段は19世紀の再建。

サンタ・ルチア港に立つナポリ最古の城デッローヴォ城。12世紀ノルマン朝が建造。

ロミオとジュリエットの悲恋の舞台となった街

34
ヴェローナ市街
イタリア

アクセス　ヴェネツィア、またはミラノからECで約1時間20分、ボローニャから列車で2時間30分
所在地　イタリア北部ヴェネト州
登録名　City of Verona

紀元一世紀に建造されたアレーナ（円形劇場）が今なお現役、毎年夏にオペラが上演されるというだけで、この街の歴史の一端がわかろうというもの。二万二〇〇〇人を収容する劇場は、音響効果がすばらしく、午後九時から深夜に至って野外オペラが繰り広げられる。

二〇〇〇年前の空間体験に始まり、ヴェローナは歴史散歩に最適である。過去のさまざまな時代の建物が交錯して一体感をつくりだしている。たとえば、エルベ広場やシニョーリ広場には、中世からルネサンス期に建てられた貴族の宮殿や商館が立ち並び、街の豊かな歩みを感じとることができる。ヴェローナは北ヨーロッパとイタリアを結ぶ交通の要所にあり、穀物や毛織物取引の市場として富を築いたのだ。

なかでも十三〜十四世紀にこの街を統治したデラ・スカラ家の館や墓廟、カステルヴェッキオ（古い城の意）などは、ヴェローナの栄華の時を知るうえで欠かせない。ダンテ、ボッカチオ、ジオットらも館に招かれたという。ヴェローナはこの頃、華麗な建築が次々に建てら

デラ・スカラ家の城塞カステルヴェッキオとアディジェ川にかかるスカリジェロ橋。

れて「大理石の街」の異名をとるほどだった。

その一方で、貴族たちの間には、中世の北イタリアをふたつに分けた、教皇派と皇帝派（神聖ローマ皇帝）との抗争があり、これがシェークスピアの名作『ロミオとジュリエット』の題材となった。フィクションであるのに、ふたりの家のやジュリエットの墓があるのも楽しい。

ヴェローナのシニョーリ広場に立つダンテ像。

13世紀末創建、ゴシック様式のサンタナスタジア教会の鐘楼。後方はランベルティ塔。

ヴェローナの守護聖人ゼノの生涯を浮彫にしたサン・ゼノ・マッジョーレ聖堂の扉。

エーゲ海に騎士団が築いた要塞

35
ロードス島の中世都市

ギリシア

アクセス　アテネから飛行機で約1時間。ピレウス発の船便もある
所在地　エーゲ海南東部スポラデス諸島
登録名　Medieval City of Rhodes

青く晴れた空に地中海の色鮮やかな花が揺れる。はるか古代、島には馥郁《ふくいく》たるバラが咲き乱れ、そこからロードスの名がついたという。中世には騎士団の拠点となり、褐色の要塞都市が築かれていった。

エーゲ海に浮かぶロードス島は、地中海貿易の要衝として紀元前から栄えた。十四世紀にヨハネ騎士団が移住すると、イスラムに対抗するキリスト教世界の牙城《がじょう》として、城塞や濠《ほり》が整えられていった。ヨハネ騎士団とは聖地エルサレムで巡礼者の施療院を営む奉仕団体だったが、十字軍の遠征とともに軍隊としての傾向を強めていったのである。

島の首都であるロードスには、中世の気配が色濃く残る。石畳の両側には騎士たちが暮らした館が並び、プロヴァンス出身者の館はファサードに王家の紋章を飾って威風を誇る。坂道の東側に立つのがかつての病院。当時、入院患者は銀の食器で給仕されたといわれる。

しかし一五二二年にオスマン・トルコのスレイマン一世がロードスを包囲、騎士たちは華と散った。街の遺跡がその勇姿を伝えている。

騎士の館が並ぶ騎士団通り。出身地によって8つの騎士団に分かれて生活していた。

ギリシア正教の聖堂を改修したスレイマン・モスク。ルネサンス様式の入口をもつ。

騎士団長の宮殿。ロードス島の建築は質実剛健、宮殿というより要塞を思わせる。

聖女テレサを生んだ中世の城塞都市

36

アビラ旧市街と塁壁の外の教会

スペイン

アクセス　マドリードからバスで1時間30分、列車では1時間30分〜2時間。セゴビアからバスで1時間
所在地　カスティーリャ・イ・レオン地方アヴィラ県。マドリードの北西約90km
登録名　Old Town of Avila, with its Extra-Muros Churches

草もまばらな高原に、頑としてそびえる城塞。ごつごつとした石壁は高く、見るものに近寄りがたい印象を与える。城壁の上には八〇を超える櫓《やぐら》が設けられ、あらゆる侵入者を見張っている。

八世紀のイスラム侵入以来、イベリア半島ではイスラムとキリスト教徒の間に、覇権争いが絶えなかった。なかでもカスティーリャ王国は、イスラムに奪われた土地の回復運動（レコンキスタ）に熱心であった。アビラはカスティーリャ王国とイスラムとが境界を接する地域にあったため、キリスト教徒の砦として、ことさら堅牢《けんろう》な城塞がつくられたのである。キリスト教徒にとっては、神の正義を象徴する街でもあった。十一世紀に造営されたみごとな城壁に守られて、貴族の館や大聖堂が次々と建設された。

このアビラの名をスペイン全土に知らしめたのは、聖人テレサである。彼女は十六世紀にアビラに生まれ、厳しい戒律のもとで信仰に励み、数々の修道院を建てた。今ではテレサはスペイン国民にもっとも

11世紀に完成した城塞の全長は2.5km。9つの城門と88の櫓を備える。

親しまれている守護聖人である。

テレサの生家は修道院になっており、祭りの日にはここに納められているテレサの彫像が担ぎ出されて、街を練り歩く。豪華に飾ったテレサ、そして彼女を誇らしげに担う男たち……。スペインらしい素朴で熱烈な信仰は、この現代にあっても少しも変わるところがない。

城壁の外にある大聖堂は、城壁につながって建てられている。どの窓も小さいのは要塞としての役目も兼ねているため。キリストの生涯が描かれた中央祭壇衝立《ついたて》は、現在スペインで見られる最高傑作の一枚といわれる。ほかにもロマネスク彫刻で麗《うるわ》しく飾られたサン・ビセンデ聖堂など、歴史を物語る建築が多く、見飽きない街である。

あり、中世ヨーロッパ最大の城塞都市として栄えた。

海抜1131mの高原につくられたアビラの街。スペインでもっとも標高の高い都市で

イスラムとキリスト教が融合する神秘の街

37 セビーリャの大聖堂、アルカサルとインディアス古文書館
スペイン

アクセス　マドリードからAVEで約2時間30分、バスでは6時間。バルセロナから列車で11時間。コルドバからAVEで約50分。グラナダから直通バスで3時間30分
所在地　アンダルシア地方セビーリャ県
登録名　Cathedral, Alcazar and Archivo de Indias in Seville

「カルメン」や「ドン・ファン」の舞台として知られるセビーリャは、長い間イスラム文化圏にあった街だ。十三世紀にカスティーリャ王国によって征服され、イスラムとキリスト教文化がとけあった神秘的な都市へと発展した。十六世紀以降は新大陸貿易の中心地であった。

ヨーロッパで三番目の大きさを誇る大聖堂は、イスラム教のモスクを取り壊して建てられたもの。オレンジの木陰が涼しく、噴水が水をたたえる「オレンジのパティオ（中庭）」は、モスク時代の遺構である。聖堂の袖廊《そでろう》には、コロンブスの墓がある。スペインを象徴する四人の王の彫像が棺《ひつぎ》を担ぐ豪華な墓碑だ。コロンブスがスペインにもたらした利益がいかに莫大だったか、あらためて思い知らされる。

大聖堂の鐘楼ヒラルダの塔は、モスク付属のミナレット（尖塔）を改修したもの。高さ九七・五メートルもあるが、この塔には階段がない。馬で登れるほど幅広のスロープを窓からの薄明かりで登るのだ。

贅《ぜい》を凝《こ》らした居城アルカサルもまた、イスラムの宮殿を受け継いだ

約120年もの時を要した巨大な大聖堂。礼拝室には美術館のように名作が並ぶ。

ものだ。内部はイスラム様式やルネサンス様式など歴代王の好みでさまざまに飾られ、華麗で贅沢な空間である。

インディアス古文書館には、十六〜十八世紀のアメリカ大陸に関する資料が収められている。コロンブスやマゼランの自筆文書など、新大陸貿易で栄えたセビーリャならではの貴重な資料がある。

アルカサルの北側に位置するサンタ・クルス街（旧ユダヤ人街）も訪れたい。迷路のような路地を行くと、民家の玄関があらわれる。鉄門の奥は白壁に草花、そして噴水も涼しげなパティオだ。街中の喧騒《けんそう》と暑さは影を潜め、そよぐ風と水音だけの静寂。アンダルシアの人々の心豊かな生活が、理解できるにちがいない。

セビーリャのアルカサル「大使の間」。木造の円蓋と彩色した化粧漆喰で飾られる。

アルカサルの中庭。イスラムとゴシックの特徴が融合したムデハル様式。

ヒラルダ（風見）の塔。先端のブロンズ像が風を受けると回転するのに由来する名。

バロック建築が林立する古都

38 バンベルクの町

ドイツ

アクセス　ベルリンから列車で約5時間
所在地　バイエルン州バンベルク
登録名　Town of Bamberg

丘の上の聖堂、リグニッツ川沿いの古い漁師の家、壁一面に騙《だま》し絵を描いた市庁舎……。街を歩けば愛らしい建物が次々とあらわれ、その楽しさに疲れも忘れてしまう。まるでお伽の国に迷い込んだようだ。

中世のドイツでは為政者《いせいしゃ》が高位の聖職者を兼ね、宗教と世俗権力が深く結びついていた。バンベルクも例外ではなく、一〇〇七年にのちのローマ皇帝ハインリヒ二世が司教区を創設して以降、大きく発展した。皇帝の力を背景に、豪華な教会関連施設が相次いで建てられたのだ。神聖ローマ帝国には首都がなく、歴代皇帝は領地の城をめぐって統治したが、バンベルクはハインリヒ二世に愛された街であった。

天を突いてそびえる四基の塔は大聖堂である。騎乗の凛々《りり》しい青年像「バンベルクの騎士」、キリストを使徒が囲む「最後の審判」など、聖堂の内外は麗《うるわ》しいドイツ・ゴシック彫刻の傑作で飾られている。

大聖堂前の広場には新宮殿、旧宮殿が立つ。絵画や豪華な調度品で飾った新宮殿は美術館として公開され、その優雅さにはため息がでる。

リグニツ川のふたつの橋にまたがる格好で立つ市庁舎。

旧市庁舎の壁面には、三次元的な騙し絵が描かれている。

が創建した大聖堂。東西に向かってふたつの内陣がある。

ドイツ、バイエルン州バンベルクの街並み。中央右に見える4基の塔がハインリヒ2世

木組みの町

池内 紀

かすかな音を聞きつけて、おもわず足をとめた。石畳がすりへって、まん中がゆるやかにへこんでいる。そんな道路が三方から合わさって、小さな広場をつくっていた。中央に白い石の噴水。サイフォン式になっているらしく、歌うような水音がしていた。

「…………？」

ドイツの地図でいうと、まん中よりやや上のあたり、ブロッケン山という大きな山がある。全体が巨大な森といった感じで、東西南北、数十キロに及ぶ。地図をよく見ると、まわりの町や村のおしりに「ローデ」という語尾がついている。「山を開いてつくった」といった意味である。

森にはどっさり木がある。町づくりに、これを使わない手はないのだ。だからブロッケンの山裾には、美しい木組みの町が点在している。もっとも有名なのはヴェルニゲロ－デだ。ブロッケン山へ登る蒸気機関車がここから出ており、世界中の鉄道マニアがやってくる。

特徴あるクヴェートリンブルクの家の木組み

その町で三日過ごした。それから支線を乗り継いでクヴェートリンブルクにやってきた。不便なぶん、ヴェルニゲローデのように観光化していないと聞いたからだ。歩き出して、すぐにわかった。何かがちがう。同じブロッケン地方でも、町や村によって、木組みの様式が少しずつちがうそうだが、そこまではわからない。そういったことではなく、もっと漠然としたちがいであって、家並みのぐあい、店のたたずまい、通りの落ち着き、人々の表情……。

案内所でもらった町の地図をあらためて見直した。すみに小さく「ワールド・ヘリテッジ」の文字があった。世界遺産の一つ。クヴェートトリンブルクを中心として、古くからの生活環境が大切に守られていることから指定された。誰が選んでいるのか知らないが、シャレたことをしたものだ。

建物の軒には1462といった数字が見える。建てられた年である。あわせて格言めいた言葉が刻まれている。古い表記を読み解くと、「ルドルフとズザンナの家」とあった。家をもったよろこびを託して、最初の住人が自分たちの名を彫りこんだにちがいない。

通りごとに木組みのかたちと色が、おおよそ統一されていて、歩いていると不思議な楽譜をながめているようだ。市庁前の広場に立

中世から変わらない、クウェートリンブルクのハーフティンバー様式の家並み

つと、美しいオーケストラを聞いているかのようだ。銀行、スーパー、書店、モードの店、薬局、工務店……。エレベーターが動き、コンピュータが数字をはき出し、金髪の娘がパソコンの前にすわっている。世界遺産だからといって騒いだりしない。しっかりとした生活感があり、まさにそのなかで町並みがつくられ、守られてきた。

広場のまん中に立ち食いのソーセージ屋が店を出していた。目の前の雄大な木組みのホテルを今夜の宿にきめ、さっそく湯気の立つソーセージにかぶりついた。

（いけうち おさむ　ドイツ文学者）

ヨーロッパ建築の隠れた宝庫

39 ビリニュス歴史地区

リトアニア

アクセス　ロンドンからビリニュス空港まで飛行機で約3時間。そこから市内まではバス
所在地　アウクシュタイティヤ県
登録名　Vilnius Historic Centre

ビリニュスは緑と建築が美しく調和したリトアニアの首都である。ハンザ同盟諸都市とロシアとの中継地点にあって、十五世紀には交易でおおいに賑わった。ギルド（同業者組合）が組織され、独自の通貨も発行していたというから、その活況がうかがえよう。タタール（モンゴル）人から街を守るために全長三キロメートルの城壁が築かれ、一〇の門がそびえていた。そのうち「曙の門」だけが現存する。

市街には、二八のカトリックの聖堂、七つの東方正教会の聖堂をはじめ、貴族たちが建てた館がいくつも残っている。街は十六世紀後半になると衰退してゆくが、政治的な権力を行使する機会の少なくなった貴族は、バロック様式の瀟洒《しょうしゃ》な館や壮麗な聖堂の建設に情熱を傾けたのである。公共の建造物にも傑作が多く、広大なビリニュス大学は一二の中庭の周囲に個性的な建築を配する。

ポーランドやロシアに支配された歴史をもつビリニュスだが、その街並みには今なお洗練された気品が漂っている。

東西さまざまな文化の接点であったビリニュス。古都らしい落ち着きを見せる街だ。

18世紀に再建された、外観がギリシア神殿風の聖スタニスラフ大聖堂。

アクセス　ブリュッセルからICで約1時間。ゲントからICで約25分
所在地　西フランドル州、ブリュッセルの西100km
登録名　Historic Centre of Brugge

40
ブルージュ歴史地区
ベルギー

カリヨンが響きわたる中世都市

ヨーロッパでもっとも美しい都市のひとつといわれるブルージュ（ブルッヘ）。夏の長い宵の刻、夕陽が運河を赤く染める頃、「水の都」はロマンチックな顔を見せる。しかし、この街の魅力は冬にこそある。鉛色の雲に重く覆われる秋から冬にかけて街を歩くと、ほんとうに人っ子ひとり出会わない場合もある。ベルギーの詩人ローデンバックは小説『死都ブリュージュ』で灰色の憂愁にそまる街を讃えている。

ブルージュはハンザ都市のうちでも四大商館のひとつがおかれた、北海貿易の拠点であった。フランドルの毛織物工業を中心に、十二～十五世紀にかけておおいに繁栄した。ところが次第に運河に泥が沈殿して浅くなり、貿易港としての機能を果たさなくなった。街は急速に衰微、それゆえ中世の美しい街並みはタイムカプセルに包まれている。

ブルージュとは橋の意。街を縦横に流れる運河には五〇以上の橋がかかり、至るところがフォトジェニックだ。街の中心マルクト広場に立つ鐘楼の螺旋《らせん》階段を登ると、三六〇度の美しいパノラマが展開し、

運河沿いに切妻造りの美しい家並みが広がる。右側に見えるのが鐘楼。

二階にあるカリヨン(組み鐘)が一五分ごとに響きわたる。救世主大聖堂、聖母教会を含め、これら三つがブルージュのランドマークだ。

美術館ではメムリンク、ファン・アイク、ボッシュらのフランドル画家に出会える。伝統的レースやダイヤモンドの加工でも有名なブルージュは、ヨーロッパの奥深さを実感できる街だ。

映画「尼僧物語」の舞台、ベギン会修道院。

クト広場、中央に見えるのが聖血礼拝堂、その向こうがブルグ広場だ。

336段の狭い石段を登り、鐘楼から北方を眺める。左手がブルージュの街の中心マル

エメラルド色の丘に開けたスコットランドの古都

41

エディンバラの旧市街と新市街

イギリス

アクセス　ヒースロー空港からターンハウス空港まで直行便で約1時間10分。市内へはバスで約30分
所在地　スコットランド東部、ロンドンの北630km
登録名　Old and New Towns of Edinburgh

グレートブリテン島の北部を占めるスコットランドは、かつては独立した王国であり、イングランドとはつねに対立関係にあった。

スコットランド史上、もっとも有名なのは女王メアリーの悲劇だろう。名君エリザベス一世と同時代に生きたメアリーは、エリザベスの地位を脅かす存在であった。エリザベスのまわりには不穏な陰謀が渦巻いたが、その中心には、しばしばスコットランドの王侯・貴族がいた。業を煮やしたエリザベス一世は、ついにスコットランド女王メアリーを謀反の罪で捕らえる。イングランドの法律によってメアリーには弁護人も証人も認められず、まったく不公平な裁判によって処刑が決められた。一五八七年二月八日、メアリーは緋色の衣装をまとって刑場に臨んだ。キリストが磔刑《たっけい》になる前、茨の冠に緋色のマントで辱められたという聖書の記述に自らをなぞらえたのである。

嫡子のないエリザベス一世の死後、イングランド王に迎えられたのは、なんとメアリーが産んだジェームズ六世であった。

ル・コルビュジエが絶賛した砂漠のイスラム都市

42
ムザブの谷
アルジェリア

アクセス　アルジェからガルダイアまでバスで約10時間、飛行機では約1時間45分
所在地　ガルダイア県
登録名　M'Zab Valley

十一世紀の初め、サハラ砂漠北部の谷にムザブ族が住み着いた。イスラム教の一派で、主流からは異端として迫害されていた彼らは「イスラムの清教徒」と呼ばれ、たいへん結束が強くたくましい民族だった。すぐれた灌漑《かんがい》技術で一〇〇メートルの井戸を掘りあて、砂漠にオアシス都市を築きあげたのだ。

ムザブの谷の中心都市ガルダイアの街を歩く。ムザブ族独自の都市計画に基づいて築かれた街は、モスクのミナレット（尖塔）を頂点としたピラミッド形に家々が整然と並び、迷路のような路地で結ばれている。ひとたび外敵に襲撃されると住民たちはミナレットに避難した。ミナレットは武器や食糧の貯蔵庫でもあったからだ。家々は重厚な扉で閉ざされ、窓がほとんどない。砂漠の灼熱《しゃくねつ》の太陽のもと、気温が四〇度を超えることもあるというのに。

ル・コルビュジエはじめヨーロッパの建築家たちはガルダイアの街並みに感嘆し、多大なるインスピレーションを得たといわれている。

た家々がミナレット（尖塔）を頂点に幾何学模様を描くかのように立ち並ぶ。

ムザブの谷の中心、ガルダイアの街並み。ベージュ、象牙色、そしてブルーに塗られ

地中海とメソポタミアの交易中継地

43

古代都市アレッポ

シリア

アクセス　ダマスカスからバスで約5時間
所在地　ダマスカスの北約300km
登録名　Ancient City of Aleppo

アレッポは地中海とユーフラテス川の間に位置するシリア第二の都市だ。肥沃《ひよく》な大地と水に恵まれ四〇〇〇年の歴史をもつといわれる。古代から中世にかけてヨーロッパとメソポタミアの交易中継地としておおいに繁栄した。往時の面影を残すスーク（市場）は世界最大規模を誇るといわれ、客寄せの声も賑やかに、今も旅人を楽しませている。

アレッポは繁栄と同時に西方の脅威にたびたびさらされた。街のシンボル、丘の上のアレッポ城はその歴史の目撃者である。紀元前十世紀に神殿として築かれ、次第にイスラムの城塞となり、十二世紀の十字軍、十三世紀のモンゴル軍、十五世紀のティムール朝の侵略をはねのけてきた。城の周りを深さ約二〇メートル、幅約三〇メートルの濠《ほり》がぐるりと囲み難攻不落の城塞といわれた。

この街名産の石鹸は日本でも売られている。オリーブオイル製の石鹸の宣伝文句には、石鹸発祥の地はシリアで交易によってフランスに伝わったとある。はるかな国がぐんと身近に感じられる話である。

アレッポ城の立つ丘は高さ50m。近くで見上げると思いのほか急傾斜だ。

現在の城の姿は12世紀、十字軍の侵略に対抗して改築したもの。

アレッポ城から街を見下ろす。高い塔はイスラム建築のミナレット（尖塔）。

天才彫刻家が残したブラジル・バロックの傑作

44
古都オウロ・プレート
ブラジル

アクセス　リオ・デ・ジャネイロからバスで約7時間
所在地　ミナス・ジェライス州
登録名　Historic Town of Ouro Preto

一六九三年、ブラジル南東の山あいミナス・ジェライス州で金鉱が発見された。すさまじいゴールドラッシュの始まりであった。人々が目の色を変えて殺到し、なにもなかった高原にいくつもの街が生まれた。ポルトガル語で「黒い金」を意味する街オウロ・プレートは、わずか四〇年ほどのあいだに一〇万人をかかえる中心都市となった。

十八世紀、この州で産出された金は約一〇〇〇トン。世界の産出量の約六割を占め、一七二九年にはダイヤモンドも発見された。オウロ・プレートの当時の繁栄ぶりは想像にかたくない。信仰篤《あつ》い人々は、そのあふれんばかりの富を教会へそそぎこみ、潤沢な金や貴石で飾られたバロック様式の教会が次々に建設された。

この街に生まれたアレイジャディーニョ。恵まれない境遇に育った彼は独学でバロック装飾を学び、教会の彫刻や装飾に天才のみをふるった。「ブラジルのミケランジェロ」と呼ばれる彼の最高傑作のひとつであり、また、ブラジル・バロック建築の代表とされるのがサン・

オウロ・プレートには、金で財を築いた人々が寄進した教会が数多く残っている。

フランシスコ・ジ・アシス聖堂。ファサードや内部装飾、彫像のほとんどは、難病に冒された彼が不自由な身体でコツコツと彫りあげたもの。地味な外観からは予想もできない豪華で荘厳な世界が広がる。

ノッサ・セニョーラ・ド・ピラール聖堂は贅《ぜい》を凝《こ》らしたつくり。祭壇部の刳形《くりがた》だけで四〇〇キロもの金が使われている。

高原のさわやかな風を感じつつ、石畳の坂道を歩く。信者と彫刻家の祈りがこめられた至宝のような教会群、歴史を物語る博物館。そして丘のふもとに並び立つ住宅の白く瀟洒《しょうしゃ》なたたずまい。

時は過ぎ、喧騒《けんそう》は去った。黄金は尽きても、今なお、人の心を揺り動かす崇高な空気がこの街には漂っている。

壮麗無比なサン・フランシスコ・ジ・アシス聖堂は「ミナスの宝石」と称される。

起伏に富んだ石畳が続くオウロ・プレート。ポルトガル統治時代の家並みが美しい。

繁栄の陰に辛苦の歴史があった

45

トリニダードとロス・インヘニオス渓谷

キューバ

アクセス　ハバナからバスで4時間
所在地　サンクティ・スピリトゥス州トリニダード
登録名　Trinidad and the Valley de Los Ingenios

どこまでも続く石畳、瀟洒《しょうしゃ》な邸宅。ヤシの葉が緑の木陰をつくり、クラシックなアメリカ車が往来を行き交う。まるで映画のセットに迷い込んだかのような、トリニダードの街。

十六世紀、黄金を求めてやってきたスペイン人の足がかりとして繁栄したトリニダードは、十七世紀には砂糖やタバコ、奴隷貿易の一大拠点となった。回廊やバルコニーのついた二階建ての邸宅は当時のさとうきび農園主たちの富裕さを如実に伝えるもので、オルティス邸、ブルネート邸などは、現在博物館として開放されている。

近郊のロス・インヘニオス渓谷には、広大なさとうきび農園があり、アフリカから連れてこられた多くの黒人奴隷が過酷な労働を強いられていた。十九世紀半ばには五〇を超える砂糖工場が稼動し、人口も三万人に激増したが、その半数は奴隷たちであった。かつての奴隷たちの辛苦をつゆも感じさせない緑の渓谷。農園で働く彼らを監視しつづけたイスナーガの塔からの眺めは、悲しいほど平和で美しい。

キューバの古都トリニダード。スペイン植民地時代の面影が街全体に色濃く残る。

中央広場に面して立つサンティーシマ・トリニダード大聖堂。隣りはブルネート邸。

サン・フランシスコ修道院は博物館として公開されており、鐘楼から街を望める。

さまざまな文化がおだやかにとけあった街

46

オアハカ歴史地区とモンテ・アルバン遺跡

メキシコ

アクセス　メキシコ・シティからオアハカまで飛行機で約1時間。モンテ・アルバンへはオアハカからバスで約20分
所在地　オアハカ州オアハカ
登録名　Historic Centre of Oaxaca and Archaeological Site of Monte Alban

毎年七月中旬、オアハカの街は世界中からの観光客でごったがえす。メキシコのなかでも先住民が多いオアハカに周辺の村からサポテカ族やミステカ族などの先住民族が続々と集まってくる。収穫を祝う祭典ゲラゲッツアが行われるのだ。色鮮やかな民族衣装でダンスを披露。観衆にパイナップルなど収穫物を放り投げ、祭りはクライマックスへ。

ふだんのオアハカはじつにのどか。露店やカフェの並ぶ広場を中心に碁盤状に街路が延び、植民地時代の貴族の館や華麗なファサードのある劇場がしっとりとした風情を漂わせる。一年中快適な気候のうえ、市場にはおいしいチーズにチョコに酒。民芸品もさまざまで、すっかり街に魅せられて住み着いてしまう旅行者がいるのもうなずける。

オアハカに数ある教会のなかでも美しさで有名なのが、十六世紀後半から一〇〇年もの年月をかけてつくられたサント・ドミンゴ聖堂。びっしりと隙間《すきま》なく施された黄金装飾には驚嘆させられる。

郊外のモンテ・アルバン遺跡は、紀元前からの長い歴史をもつ古代

オアハカの夕暮れ。サント・ドミンゴ聖堂の鐘楼とファサードを望む。

都市。建築物にはテオティワカン文明の影響も見られ、また、「踊るひと」と呼ばれる三〇〇もの石彫が見つかっている。ピラミッド形神殿の基壇からは三六〇度の大パノラマ。爽快な眺めだ。眼下には、青い山脈を背景にしたオアハカの街が広がっている。彩り豊かな民族衣装のように、さまざまな魅力をもつ古都だ。

モンテ・アルバン遺跡の石の浮彫。

オアハカ歴史地区にあるサン・ホセ聖堂。露店やカフェの連なる街のそぞろ歩きは楽しい。

黄金の化粧漆喰と聖者たちの浮彫が輝くばかりのサント・ドミンゴ聖堂内部。

コラム

歴史の証人「負の遺産」

文化遺産の登録基準の第六項は、「顕著で普遍的な価値をもつ出来事、生きた伝統、思想、信仰、芸術的作品、あるいは文学的作品と直接または実質的関連があること」と定められている。

世界遺産は、人類史の折々を彩った豊かな文化や華やかな芸術を、未来に引き継いでいくべく顕彰されている。しかし、文化は時に異文化と激しく衝突し、一方が駆逐されるに至ったことも事実だ。思想や信仰が大量の殺戮《さつりく》を招いたケースもある。歴史を未来に引き継ぐとき、私たちは人類がおかした

市民の運動で永久保存が実現した原爆ドーム

こうした過ちも正しく伝えなければならない。

二〇〇〇年一二月現在、六九〇件を数える世界遺産のなかには、「負の遺産」と通称される遺構が含まれ、人類の不正もまた人類史の一部であることを訴えている。

広島の「原爆ドーム（広島平和記念碑）」（日本）の前に立つとき、私たちは否応《いやおう》なく、あの不幸な出来事を思い起こさずにはいられない。

一九四五年八月六日、人類史上初の原子爆弾を、その上空で受け止めた旧広島県産業奨励館は一九九六年、「原爆ドーム」として世界遺産リストに登録された。ドームは今も、核兵器の廃絶と恒久平和を希求する象徴として、無言のメッセージを送りつづけている。

奴隷貿易の最終積出し港となったゴレ島

原爆投下が第二次大戦における東の大殺戮ならば、西のそれは「アウシュヴィッツ強制収容所」（ポーランド）でのユダヤ人虐殺である。ポーランド南部、首都ワルシャワの南約二四〇キロにあるナチス・ドイツのこの強制収容所では、じつに四〇〇万人もの人々が殺害された。「負の文化遺産」として一九七九年、第一番目にリストアップされたのは当然である。

一九七八年には、「ゴレ島」（セネガル共和国）が登録されている。十五世紀から十九世紀にかけて奴隷として新大陸に送られたアフリカ人たちの積出し港である。

また一九九九年にはアパルトヘイト（人種隔離）時代に黒人政治犯が収容されていた、ケープタウン沖に浮かぶ小さな島、「ロベン島」（南アフリカ共和国）が登録された。

私たちは今後、未来に「負」の冠をいただく遺産を残すことのないように、現在を生きなければならない。

アウシュヴィッツに近いビルケナウ強制収容所の「死の門」

然を見晴らす教会には、今も聖人の清らかな信仰が静寂のなかに息づく。

第五章

祈りと巡礼の地を訪ねる

聖者フランチェスコの眠る、アッシジの聖フランチェスコ教会。ウンブリアの豊かな自

聖人の愛と祈りが生き続ける聖地

47 アッシジの聖フランチェスコ教会と遺跡群
イタリア

アクセス　ローマから列車で5時間30分
所在地　イタリア中部ウンブリア州
登録名　Assisi, the Basilica of San Francesco and Other Franciscan Sites

小鳥に教えを説いた美しい逸話で知られ、生けるものすべてに愛をそそいだ無垢《むく》な信仰によって、慕われ続ける聖フランチェスコ。アッシジは彼が誕生し、信仰に生き、そして永遠の眠りについた地である。

十二世紀後半、アッシジの裕福な商人の子に生まれたフランチェスコは、騎士に憧れる遊び好きの青年だった。しかし、神の啓示を受けた彼はあらゆる世俗の執着を捨て、粗末な衣と裸足《はだし》で放浪しながら、祈りと奉仕の道を歩んだ。その素朴で清貧に徹した教えにひかれた人人が集まり、フランシスコ修道会としてのちに大きく発展してゆく。

聖フランチェスコ教会は、一二二六年の彼の死後まもなく建て始められた。スバジオ山の中腹に細長く横たわるアッシジの西端に、アーチを連ねた壮大なゴシック様式の教会がそびえる。内部は上堂と下堂の二層になっており、ジオットや師匠チマブーエ、またシエナ派のシモーネ・マルティーニなど、中世末期の巨匠の手になるおびただしいフレスコ画で飾られ、美術愛好者の垂涎《すいぜん》の的となっている。とくに上

聖フランチェスコ教会の上堂。身廊にある聖人の生涯を描いた28面の壁画が圧巻。

堂のフランチェスコの事績を描いた壁画は、ジオットの傑作とされ名高い。一九九七年の地震による壁画の被害も、大半は復旧しつつある。

アッシジにはそのほか、フランチェスコの愛弟子であった聖女キアラの教会など、聖人にまつわる教会や遺跡が連なる。淡いバラ色をおびた石造りの街並みは、中世の姿そのままだ。

中世さながらの石畳の道をゆく修道士。

歴代王が戴冠式を行ったゴシック様式の大聖堂

48

ランスのノートル=ダム大聖堂、サン=レミ修道院とト宮殿

フランス

アクセス　パリからTGVで約1時間30分
所在地　シャンパーニュ・アルデンヌ地方マルヌ県
登録名　Cathedral of Notre-Dame, Former Abbey of Saint-Remi and Palace of Tau, Reims

シャンパーニュ地方の中心都市ランスはシャンパンの街として親しまれている。中世、交易都市としておおいに栄えていたこの地で、一二二三年のルイ八世から一八二四年のシャルル一〇世まで二五人の歴代フランス王の戴冠式《たいかんしき》が行われた。

式が執り行われたノートル＝ダム大聖堂は五世紀に象建され、一二一一年から一世紀をかけて再建された壮麗なフランス・ゴシック建築の傑作である。外壁は目もくらむような、おびただしい数の彫像で華やかに装飾されている。多くの像が微笑《ほほえ》みをたたえているように見えることから、これらの像は「ランスの微笑み」と呼ばれている。

第一次世界大戦でドイツ軍の爆撃による大きな被害を受け、その後大規模な修復工事が行われた。修復されたステンドグラスのなかにはマルク・シャガール（一八八七～一九八五）作のものもある。

このほかランス最古の修道院サン＝レミ修道院、司教の公邸で現在は美術館となっているト宮殿も世界遺産に登録されている。

壮麗なゴシック様式の装飾が施された大聖堂。中央の大バラ窓は直径12m。

ここは王権ともっとも結びつきの深い聖堂だった。

ランスのノートル＝ダム大聖堂西正面の上部「諸王のギャラリー」と呼ばれる彫刻群。

ハンガリーの歴史とともに歩んだ修道院

49 パンノンハルマのベネディクト会修道院とその自然環境

ハンガリー

アクセス　ブダペストからバスで約2時間30分
所在地　トランスタヌビア地方パンノンハルマ
登録名　Millenary Benedictine Monastery of Pannonhalma and its Natural Environment

小高い丘にたたずむパンノンハルマの修道院は一〇〇〇年の歴史を誇るハンガリー最古のベネディクト会修道院である。現在も修道士や神学を学ぶ学生たちが共同生活を送る現役の修道院である。

十六世紀のオスマン・トルコによる占領、十八世紀のローマ帝国時代の支配者による閉鎖令など、十世紀末の創立以来、幾度もの崩壊の危機と復活を繰り返してきた。現在の姿は十三世紀にゴシック様式で再建されたものが原型で、以後さまざまな様式で改築されている。

中世ヨーロッパのほかの修道院がそうであったように、パンノンハルマの修道院も文化、学術の中心であった。修道士たちは農業の振興に力を貸し、公教育に携わるなど一般の人々のために奉仕活動を行った。図書館には最古のハンガリー語文献など貴重な文書が残っている。

初夏、修道院の丘はラベンダーのすがすがしい香りに包まれる。丘には修道院を引き立てるように木々が生い茂り、付属の植物園には四季折々の花が咲く。周辺の自然環境も世界遺産に登録されている。

ベネディクト会修道院のシンボル、高さ55mの鐘楼の装飾。19世紀半ばに建てられた。

丘の上のパンノンハルマの修道院。オスマン・トルコ侵略時には要塞となった。

聖堂の外側には回廊がめぐらされている。15世紀末の後期ゴシック様式。

中世ヨーロッパ文化の発信地

㊿
ザンクト・ガレン修道院
スイス

アクセス　チューリヒ空港から列車で約1時間
所在地　ザンクト・ガレン州ザンクト・ガレン
登録名　Convent of St.Gall

ザンクト・ガレンは、ドイツとオーストリア国境にほど近いスイス北東部の谷間にある街である。

七世紀初めにひとりのアイルランドの僧がこの谷に結んだ小さな庵《いおり》がザンクト・ガレン修道院の起源となった。八世紀には修道院の基礎が整い、次第に発展をとげる。修道院は土地を保有し、周辺に農民や職人の集落がつくられ、一大都市が形成された。

中世ヨーロッパ社会では修道院は単なる祈りや修行の場ではなかった。大学であり研究機関であり、学問や文化、さらには産業の中心でもあったのである。修道士たちは古典を写し、ラテン語を学び、聖歌を制作した。また修道院で始まった織物業は現在まで受け継がれ、ザンクト・ガレンは今も繊維産業の街として知られている。さまざまな文化が実を結び、修道院から広がっていったのである。

九世紀から十世紀にかけてザンクト・ガレン修道院はヨーロッパ中に影響力をもつ文化の中心地となった。当時の修道院の文化がいかに

寄せ木細工の装飾が豪華な図書館。ロココ様式建築の傑作といわれている。

高いものであったかは、付属図書館の蔵書が物語っている。一〇万冊もの蔵書のうち、「ザンクト・ガレン写本」と呼ばれる二〇〇〇冊は、一〇〇〇年以上前の写本や初期印刷の書物など貴重な史料として名高い。のちのヨーロッパ文化に大きな影響を与えたもののひとつとして、たとえば聖歌に記号を書き込んだ写本が残っているが、それはいわゆる楽譜の始まりで、のちの音楽の発展に大きな影響を与えた画期的な試みであった。

現在の図書館や大聖堂は、一七五五年から約一五年かけて行われた大改築の際に建てられたものである。外観のシンプルな装飾に比して、内部の華麗なつくりに目を驚かされる。

18世紀後半に改築されたザンクト・ガレン大聖堂。現在は州役場となっている。

巨大な岩山の頂に立つ修道院群

51

メテオラ

ギリシア

アクセス　アテネからカランバカまでバスを乗り継ぎ約6時間。そこからバスで15分
所在地　ギリシア中部テッサリア地方
登録名　Meteora

世俗を捨て、神との対話を求める修行者がたどりついたのは、獣も登らない巨大な岩山の頂だった。ギリシアを南北に貫くピンドス山脈の東側に、岩肌もあらわな高さ数十メートルから四〇〇メートルの柱のような岩が屹立《きつりつ》する一帯がある。その岩々の頂上に「メテオラ」（宙に浮くという意味のギリシア語）の名に違《たが》わず、天空を仰ぐかのように修道院が建てられている。

九世紀頃から岩の割れ目に隠者が住み着いたのが修道院の始まりといわれている。権力者たちの保護を得た十五、十六世紀には最盛期を迎え、二四もの修道院がそれぞれ岩山の頂上で活動していた。それにしてもクレーン車もない時代のこと、絶壁に縄ばしごをかけ、袋を滑車で引きあげ資材を運び建物を築いたというが、大変な労力だったろう。現在は階段があるが、二十世紀初頭までは食糧や人の行き来も縄ばしごや滑車が使われていた。現在営まれているのは六つの修道院。壁画、イコン、写本などを見学することができる。

聖トリアダ修道院。遠くから見るとぽっかりと宙に浮かんでいるようだ。

孤島のようにたたずむルサヌウ修道院。岩の形状に合わせた3階建てだ。

メテオラの聖ステファノス修道院に残るフレスコ画。

ビザンチン一〇〇〇年の歴史を伝える

52 テッサロニキの初期キリスト教とビザンチン様式の建築物群

ギリシア

アクセス　アテネから飛行機で約50分、または列車で約9時間、バスでは約7時間30分
所在地　ギリシア北部マケドニア地方テッサロニキ県、エーゲ海北岸
登録名　Paleochristian and Byzantine Monuments of Thessalonika

テッサロニキはアテネに次ぐギリシア第二の都市である。紀元前四世紀にマケドニアの首都として都市が築かれ、ローマ時代を経てビザンチン時代にはコンスタンチノープルに次ぐ帝国第二の都市として繁栄した。四世紀からオスマン・トルコの支配を受ける十五世紀までのあいだに次々と建てられた教会が、近代都市のあちらこちらに残り、ビザンチンの面影を伝えている。

そのひとつ、聖ディミトリオス教会は五世紀に創建されたテッサロニキ最大の教会だ。ディミトリオスとはローマ治世下、四世紀初頭生まれの若い兵士の名である。熱心なキリスト教徒だった彼は人々を扇動したとして皇帝の反目をかい、暗殺されてしまう。死後、彼はテッサロニキの守護聖人として篤《あつ》く信仰され、彼が暗殺された浴場の上に教会堂が建てられたと伝えられている。キリスト教徒たちが聖水を授かった聖水盤が地下の浴場跡の一角にある。波乱の歴史のなかで静かに祈りを捧げ続けたキリスト教徒の姿がしのばれる。

紀に忠実に復元されたもの。広大なバシリカ(集会施設)式聖堂。

テッサロニキの聖ディミトリオス教会は5世紀の創建後何度も焼失し、現在の姿は20世

多くの巡礼者が訪れるロシア正教の総本山

㊸ トロイツェ・セルギエフ大修道院の建造物群
ロシア

アクセス　モスクワからバスで約2時間
所在地　モスクワ州、モスクワの北東約70km
登録名　Architectural Ensemble of the Trinity Sergius Lavra in Sergiev Posad

修道院の敷地内にある「聖セルギーの井戸」で瓶を手にした人々が聖水を汲んでいる。トロイツェ・セルギエフ大修道院は十五世紀の創建以来現在まで絶えることなくロシアの人々に信仰されつづけている。十四世紀、ひとりの貴族が森のなかに小屋を建て修行生活を始めたのが修道院の始まりだ。その貴族こそのちの聖セルギーで、彼は伝道師として、また社会的にもロシア諸国のまとめ役としてたいへんな尊敬を集めた。一四二二年に彼の棺《ひつぎ》を納めたトロイツェ聖堂が建立され、以後次々と聖堂が建てられた。一七四四年には「ラフラ（大修道院）」の称号を授かり、ロシア正教の総本山のひとつとなった。

トロイツェ聖堂はイコンで名高い。十五、十六世紀にはモスクワ大公の洗礼式が行われた場所でもある。また、もっとも大きな聖堂、ウスペンスキー大聖堂は一五八四年の建立。モスクワの同名の寺院を手本に建てられた。陽の光を受けて輝くタマネギ屋根の外観もため息の出る美しさだが、内部のフレスコ画にも圧倒される。

主聖堂のウスペンスキー聖堂。星の模様で飾られたタマネギ形の屋根が輝く。

エチオピア独自のキリスト教文化を築く

54
ゴンダール王宮と聖堂群

エチオピア

アクセス　アジスアベバから飛行機で1時間
所在地　エチオピア北部ゴンダール州。アジスアベバから北へ約400km、タナ湖の北
登録名　Fasil Ghebbi,Gondar Region

まさか標高二〇〇〇メートルのアフリカの高原に絢爛《けんらん》豪華な王宮や聖堂がいくつも建てられ、王朝絵巻の世界が繰り広げられているとは。十七世紀末にこの地を訪れたヨーロッパ人が帰国後、いくら語っても信じてもらえなかったという。

ゴンダールはナイル源流にほど近い高原の街である。一六三二年から一七八四年までエチオピア帝国の首都がおかれ、エジプトに次ぐアフリカ第二の都市として繁栄した。ファジル・ゲビと呼ばれる石造りの壮麗な王宮跡がかつての栄華を今に伝えている。四四もの聖堂が建てられ、なかでも十七世紀末に建設されたダブレ・ベルハン・セラシエ聖堂はフレスコ画で名高い。西洋のものとは異なる趣の独特のエチオピア絵画の傑作である。

エチオピア人は労働よりも信仰を貴ぶといわれるほど信仰心が篤《あつ》い。四世紀にキリスト教が伝来して以来、皇帝自らが改宗し国教と定め、コプト派と呼ばれる独自のキリスト教文化を育んできた歴史をもつ。

歴代皇帝は競うようにして次々と王宮を築き、聖堂や図書館などを建設した。

ユダヤ教の流れをくむコプト派は中央の教会からは異端とみなされていたが、イスラムの攻撃にも耐え、エチオピアの人々の信仰心に守られてきた。

ティムカット祭（キリスト受洗を記念する祭り）にゴンダールの街を巡礼者が練り歩く姿はまるで中世にタイムスリップしたようだ。

ティムカット祭には巡礼者が集う。

も天使も褐色の肌に大きな黒い瞳をしている。

ゴンダールのダブレ・ベルハン・セラシエ聖堂を埋め尽くすフレスコ画の一部分。聖人

政教一致のチベット仏教の聖地

55

ラサのポタラ宮と大昭寺

中国

アクセス　北京、重慶、西安などから飛行機の便があるが、ツアーに参加するのが一般的
所在地　チベット自治区ラサ
登録名　Potala Palace and the Jokhang Temple Monastery, Lhasa

チベット自治区の区都ラサは、標高三六五〇メートルの高原都市である。都市の起源は七世紀の大昭寺《ジョカン》建立までさかのぼる。チベットを統一したソンツェン・ガンポ王が唐《とう》から迎えた王妃のために寺を建て、王妃が唐からたずさえてきた釈迦像をまつったと伝えられ、以来ラサは門前町として発達してきた。

ダライ・ラマの宮殿ポタラ宮はマルポリ山（赤い山の意）の上にそびえ、偉容をたたえて街を見下ろしている。現在の宮殿は十七世紀後半、「偉大なる五世」ダライ・ラマ五世時代に建てられ、三〇〇年ものあいだ、チベット仏教の聖地として仰がれてきた。

ポタラ宮はとにかく壮大だ。東西四〇〇メートル、主楼の高さ一一七メートル。宮殿の外壁は紅白の二色に塗り分けられ、それぞれ紅宮、白宮と呼ばれる。

紅宮は宮殿の中央部上層に位置し、歴代ダライ・ラマの遺骸《いがい》をまつる霊塔が安置されている。遺骸はまばゆいばかりの黄金と真珠や瑪瑙《めのう》

チベット仏教でもっとも尊ばれている寺、大昭寺。1300年の歴史をもつ。

の宝玉で飾られ、霊塔はそれぞれ金色の屋根をいただいて、西大殿を囲むように立っている。また、回廊に描かれた長大な壁画はポタラ宮の造営の様子を時代の風俗とともに活写していて興味深い。

一方、白宮はダライ・ラマが政務を執り住まいとした部分だ。謁見の間や勤行《ごんぎょう》の間を備えた寝所は日光殿と呼ばれ、贅沢品に囲まれている。ポタラ宮は観音の化身《けしん》ダライ・ラマが宗教儀礼を執り行う場であると同時に、チベット民族の指導者として政治権力を象徴する場であった。

チベットが中国の自治区となり、ダライ・ラマ一四世がインドに亡命した現在も、ラサには各地から五体投地《ごたいとうち》の巡礼者が訪れる。

置やジグザグ階段など、宮殿をより壮大に見せる工夫が凝らされている。

ラサを見下ろすポタラ宮は「垂直のヴェルサイユ」とたとえられる。大小の建築物の配

コンゴ	・カフジ=ビエガ国立公園	自然	B114
ジンバブエ	・グレート・ジンバブエ遺跡	文化	A69
ジンバブエ・ザンビア	・ヴィクトリアの滝	自然	B131
セネガル	・ゴレ島	文化	D183
タンザニア	・セレンゲティ国立公園	自然	B134
	・ンゴロンゴロ自然保護区	自然	A152
チュニジア	・カイルアン	文化	C60
	・カルタゴ遺跡	文化	B166
ニジェール	⓮アイルとテネレの自然保護区	自然	D61
マダガスカル	・ツィンギ・デ・ベマラハ厳正自然保護区	自然	C143
マリ	・バンディアガラの断崖（ドゴン族の集落）	複合	B76
南アフリカ連邦	・ロベン島	文化	D183
モロッコ	・アイト=ベン=ハッドゥの集落	文化	B72
	・フェス旧市街	文化	B198, 208
	❽古都メクネス	文化	D34
リビア	・キレーネの遺跡	文化	C166
	㉘タドラット・アカクスの岩壁画	文化	D107
	・レプティス・マグナの遺跡	文化	C170

オセアニア

オーストラリア	・ウィランドラ湖群地域	複合	B122
	・ウルル＝カタ・ジュター国立公園	複合	B128
	・カカドゥ国立公園	複合	B124
	・グレート・バリア・リーフ	自然	A156
	・タスマニア原生地域	自然	C140
	⓭マッコーリー島	自然	D58
ニュージーランド	・テ・ワヒポウナム	自然	A160

	㊺トリニダードとロス・インヘニオス渓谷	文化	D175
グアテマラ	・ティカル国立公園	複合	A96
チリ	・ラパ・ヌイ国立公園	文化	A94
ブラジル	㊹古都オウロ・プレート	文化	D171
	・サルヴァドール・デ・バイーア歴史地区	文化	A56
	・ブラジリア	文化	C174
ベネズエラ	・カナイマ国立公園	自然	A126
ベリーズ	・ベリーズ・バリア・リーフ保護区	自然	C119
ペルー	・クスコ市街	文化	C179
	・ナスカとフマナ平原の地上絵	文化	A104
	・マチュ・ピチュの歴史保護区	複合	A100
	・マヌー国立公園	自然	B108, 112
メキシコ	・古代都市ウシュマル	文化	C162
	㊻オアハカ歴史地区とモンテ・アルバン遺跡	文化	D178
	・グアダラハラのカバーニャス孤児院	文化	C102
	・古都グアナファトと近隣の鉱山群	文化	B202
	・古代都市チチェン＝イツァ	文化	B144
	㉒古代都市テオティワカン	文化	D90
	㉑古代都市パレンケと国立公園	文化	D86
	・プエブラ歴史地区	文化	A188

アフリカ

アルジェリア	・ジェミラ	文化	B46
	・タッシリ・ナジェール	複合	B158
	・ティムガッド	文化	A72
	㊷ムザブの谷	文化	D165
ウガンダ	⑯ブウィンディ原生国立公園	自然	D68
	・ルウェンゾリ山地国立公園	自然	C136
エジプト	・アブ・シンベルからフィラエまでのヌビア遺跡群	文化	A60, 66
	・イスラム都市カイロ	文化	B212
	・古代都市テーベとその墓地遺跡	文化	B162
	・メンフィス周辺のピラミッド地帯	文化	A62
エチオピア	㉗アクスムの考古遺跡	文化	D104
	(54)ゴンダール王宮と聖堂群	文化	D206
	・ラリベラの岩窟教会群	文化	C56
ケニア	⑮ケニア山国立公園／自然森林	自然	D64

マルタ	・ヴァレッタ市街	文化	B186
	・マルタの巨石神殿群	文化	C158
ラトビア	・リガ歴史地区	文化	B194
リトアニア	㊴ビリニュス歴史地区	文化	D156
ルーマニア	・マラムレシュ地方の木造教会	文化	C50, 52
	・モルドヴァ地方の教会	文化	C46
ロシア	・カムチャツカ火山群	自然	B91
	・キジ島の木造教会	文化	A182
	・サンクト・ペテルブルグ歴史地区	文化	B8, 50
	53トロイツェ・セルギエフ大修道院の建築物群	文化	D204
	・モスクワのクレムリンと赤の広場	文化	C194

北アメリカ

アメリカ	・イエローストーン	自然	A61, B98
	・エヴァーグレーズ国立公園	自然	C112
	・オリンピック国立公園	自然	B102
	・カールズバッド洞窟群国立公園	自然	B106
	・グランド・キャニオン国立公園	自然	A114
	・自由の女神像	文化	B79
	・ハワイ火山国立公園	自然	A130
	㉓メサ・ヴェルデ	文化	D94
	・ヨセミテ国立公園	自然	A110
	・レッドウッド国立公園	自然	C109
アメリカ・カナダ	・アラスカ・カナダ国境地帯の山岳公園群	自然	C104
	⓳ウォータートン・グレーシャー国際平和公園	自然	D78
カナダ	⓲ウッド・バッファロー国立公園	自然	D74
	・カナディアン・ロッキー山岳公園群	自然	B94

中央アメリカ・南アメリカ

アルゼンチン	・バルデス半島	自然	C116
	・ロス・グラシアレス	自然	B116
アルゼンチン・ブラジル	・イグアス国立公園	自然	A118
エクアドル	・ガラパゴス諸島	自然	A122
	・キト市街	文化	B24
	⓴サンガイ国立公園	自然	D82
キューバ	・オールド・ハバナとその要塞化都市	文化	C98

	・ヴィースの巡礼教会	文化	A172
	・ヴュルツブルクの司教館、その庭園と広場	文化	B13
	・ケルン大聖堂	文化	A168
	㊳バンベルクの町	文化	D148
	・フェルクリンゲン製鉄所	文化	B169
	・ポツダムとベルリンの宮殿と公園	文化	B16
	・ハンザ同盟都市リューベック	文化	C94
	・古典主義の都ワイマール	文化	C90
ノルウェー	・ウルネスの木造教会	文化	B58
バチカン	・バチカン・シティ	文化	C8
ハンガリー	㊾パンノンハルマのベネディクト会修道院とその自然環境	文化	D192
	・ブダペスト、ドナウ河岸とブダ城地区	文化	A36
フランス	・アミアン大聖堂	文化	C28
	・アルケ=セナンの王立製塩所	文化	B169
	・歴史的城壁都市カルカッソンヌ	文化	A24
	・コルシカのジロラッタ岬、ポルト岬、スカンドラ自然保護区	自然	B82
	・シャルトル大聖堂	文化	C24
	・ストラスブール旧市街	文化	C210
	・パリのセーヌ河岸	文化	B80
	・フォントネーのシトー会修道院	文化	C32
	・ミディ運河	文化	B80
	・モン=サン=ミシェルとその湾	文化	A164
	㊽ランスのノートル=ダム大聖堂、サン=レミ修道院とト宮殿	文化	D188
	❷シュリ=シュル=ロワールとシャロンヌ間のロワール渓谷	文化	D12
ベルギー	㊵ブルージュ歴史地区	文化	D158
ブルガリア	・リラ修道院	文化	A178
ポーランド	・アウシュヴィッツ強制収容所	文化	D183
	・ワルシャワ歴史地区	文化	C192
ポルトガル	❸ジェロニモス修道院とベレンの塔	文化	D16
	・シントラの文化的景観	文化	C84
	・バターリャの修道院	文化	C44
	・ポルト歴史地区	文化	B182

ギリシア	・アテネのアクロポリス	文化	A76
	・アトス山	複合	C14
	・ダフニ、オシオス・ルカス、 ヒオス島のネア・モニの修道院	文化	C18
	㊾テッサロニキの初期キリスト教と ビザンチン様式の建築物群	文化	D201
	・ミケーネとティリンスの古代遺跡	文化	B142
	㊿メテオラ	複合	D198
	㉟ロードス島	文化	D137
クロアチア	・ドゥブロヴニク旧市街	文化	A40
スイス	㊿ザンクト・ガレン修道院	文化	D195
スウェーデン	・ラップ(サーメ)人地域	複合	B87
スペイン	㊱アビラ旧市街と塁壁の外の教会	文化	D140
	❶エル・エスコリアール修道院とその 遺跡	文化	D8
	・歴史的城壁都市クエンカ	文化	B60
	・グラナダのアルハンブラ、 ヘネラリーフェとアルバイシン	文化	A20
	・コルドバ歴史地区	文化	B178
	・サラマンカ旧市街	文化	C206
	・サンティアゴ・デ・コンポステーラ 旧市街	文化	C34
	・セゴビア旧市街とローマ水道	文化	C202
	㊲セビーリャの大聖堂、アルカサルと インディアス古文書館	文化	D144
	・古都トレド	文化	A16
	・バルセロナのカタルーニャ音楽堂と サン・パウ病院	文化	C76
	・バルセロナのグエル公園、 グエル邸とカサ・ミラ	文化	C80
スペイン・フランス	・サンティアゴ・デ・コンポステーラの 巡礼路	文化	C36
チェコ	❺クロメジーシュの庭園と城	文化	D23
	・チェスキー・クルムロフ歴史地区	文化	C87
	・テルチ歴史地区	文化	C193
	・プラハ歴史地区	文化	B190
ドイツ	・アーヘン大聖堂	文化	C21

フィリピン	・フィリピン・コルディレラの棚田	文化	B69
ベトナム	・ハー・ロン湾	自然	A139
	・フエの建造物群	文化	B28
マレーシア	❾ムル山国立公園	自然	D38
ヨルダン	・ペトラ	文化	A83
ヨルダンによる申請	・エルサレム旧市街とその城壁	文化	A61, 194
ラオス	・ルアン・プラバンの町	文化	C66
レバノン	㉕バールベック	文化	D99

ヨーロッパ

アイルランド	㉔スケリッグ・マイケル	文化	D96
イギリス	・アイアンブリッジ峡谷	文化	B168
	・ウェストミンスター宮殿・大寺院、聖マーガレット教会	文化	B20
	㊶エディンバラの旧市街と新市街	文化	D162
	・カンタベリー大聖堂、聖オーガスティンズ修道院、聖マーティン教会	文化	C40
	・ジャイアンツ・コーズウェーとコーズウェー海岸	自然	A150
	・ストーンヘンジ、エーヴベリーと関連遺跡群	文化	B138
イタリア	㊼アッシジの聖フランチェスコ教会と遺跡群	文化	D184
	・アルベロベッロのトゥルッリ	文化	B54
	・ヴェネツィアとその潟	文化	A8, 32
	㉞ヴェローナ市街	文化	D133
	⓱エオリエ諸島	自然	D71
	・サン・ジミニャーノ歴史地区	文化	B176
	・シエナ歴史地区	文化	A13, 35
	㉝ナポリ歴史地区	文化	D128
	・フィレンツェ歴史地区	文化	B170
	・ポンペイ、エルコラーノ、トッレ・アヌンツィアータの遺跡	文化	A79
	・ラヴェンナの初期キリスト教建築物群	文化	A186
イタリア・バチカン	・ローマ歴史地区	文化	C198
エストニア	・タリン歴史地区	文化	A42
オーストリア	・ザルツブルク市街の歴史地区	文化	A28
	❹シェーンブルン宮殿と庭園	文化	D19

	・パルミラの遺跡	文化	B42
スリランカ	・聖地キャンディ	文化	C64
	・ダンブッラの黄金寺院	文化	A208
タイ	㉙古都アユタヤと周辺の古都	文化	D111
	・古都スコタイと周辺の古都	文化	C152
中国	・頤和園、北京の皇帝の庭園	文化	B30
	・九寨溝の自然景観と歴史地区	自然	C133
	・黄山	複合	A133
	⑩黄龍の自然景観と歴史地区	自然	D43
	⑥故宮	文化	D26
	・泰山	複合	C69
	・敦煌の莫高窟	文化	B148
	・万里の長城	文化	C146
	55ラサのポタラ宮と大昭寺	文化	D210
	㉛龍門石窟	文化	D117
	・麗江古城	文化	B63
トルコ	・イスタンブール歴史地区	文化	A46
	・ギョレメ国立公園とカッパドキアの岩石群	複合	A146
	・ネムルト・ダア	文化	B152
	㉖ハットゥシャ	文化	D102
日本	・厳島神社	文化	A109
	・古都京都の文化財	文化	A108
	・原爆ドーム	文化	A108, D182
	⑫白神山地	自然	A107, D54
	・白川郷・五箇山の合掌造り集落	文化	A108, B66
	・古都奈良の文化財	文化	A109
	・日光の社寺	文化	A109, B34
	・姫路城	文化	A107
	・法隆寺地域の仏教建造物群	文化	A107
	・屋久島	自然	A107, 136, 142
	㉜琉球王国のグスクおよび関連遺産群	文化	D120, 124
ネパール	・カトマンズの谷	文化	C72
	・サガルマータ国立公園	自然	C126
	・ロイヤル・チトワン国立公園	自然	C130
パキスタン	・モヘンジョ・ダーロの古代遺跡	文化	C150
	・ラホール城塞とシャーリマール庭園	文化	C186

総索引

・小学館文庫「世界遺産」シリーズ全4冊の地域別・国別総索引である。
・ページの欄のAは「厳選 55」、Bは「行ってみたい 55」、Cは「太鼓判 55」、Dは「極める 55」のページを示す。
・本巻「極める 55」収録の世界遺産には、項目番号❶〜55を記した。エッセイ、コラムで取り上げた世界遺産も含めた。

国名	遺産名	種類	ページ
アジア			
イエメン	・サナアの旧市街	文化	A50
	・シバームの旧城壁都市	文化	B205
イラン	・イスファハンのイマーム広場	文化	A191
	・チョーガ・ザンビル	文化	B155
	・ペルセポリス	文化	A86
インド	❼アーグラ城塞	文化	D30
	・エローラ石窟群	文化	A176, 210
	・カジュラーホの建造物群	文化	A214
	・サーンチーの仏教建造物	文化	A175, 205
	・タージ・マハル	文化	B38
	・ダージリン・ヒマラヤ鉄道	文化	B81
	・タンジャーヴールのブリハディーシュヴァラ寺院	文化	C150
	⓫ナンダ・デヴィ国立公園	自然	D46, 50
	㉚マハーバリプラムの建造物群	文化	D114
インドネシア	・コモド国立公園	自然	B120
	・プランバナン寺院遺跡群	文化	C155
	・ボロブドゥル寺院遺跡群	文化	A60, 198
ウズベキスタン	・ヒヴァのイチャン・カラ	文化	A53
	・ブハラ歴史地区	文化	C189
オマーン	・バフラ城塞	文化	A61
韓国	・石窟庵と仏国寺	文化	A202
カンボジア	・アンコール	文化	A60, 90
シリア	㊸古代都市アレッポ	文化	D168
	・古代都市ダマスカス	文化	C182

レイアウト　渡辺禎則　櫻井香織(Webooks)
文　小野さとみ　小西治美
勢力友子　瀬川保美
郁野継雄　山浦秀紀
編集協力　市川由美　島田奈々子
地図製作　蓬生雄司
写真提供　PPS通信社

撮影
Alcoceba, Felipe/Bilderberg　138下
Anbe, Mitsuo　44-45, 183下, 202-203, 211
Barnes, David　141
Bertinetti, Marcelo　157上
Bognar, Tibor　11下, 18上, 28-29, 147, 170
Boisvieux, C. /Bilderberg　139
Bossemeyer, Klaus/Bilderberg　179上
Bowman, Charles　134上
Carton, Jean-Claude/Bruce Coleman　183上
Champollio, Herve/TOP　189
Chinami,Toshihiko　103下
Clifford, Geoffrey　200上
Cogan, Michael/TOP　190-191
Corbis　31, 32上下, 33, 59, 60上下, 69下, 75, 76上下, 77, 80-81, 86-87, 89上下, 98上, 153, 155, 157下, 193, 194下
Degginger, Ed/Bruce Coleman　95下
Degrandi, Vito　84-85
Dozo, Luigi　134下, 177
Ehlers, Kenneth　146下
Ellerbrock, Hans-J./Bilderberg　73下
Enders, Steve/Bilderberg　176下
Englebert, Victor　63下, 208-209
Ernsting, Thomas/Bilderberg　145, 149上, 150-151
Forman, Werner　91,92, 118, 118-119
Francke, Klaus D. /Bilderberg　97, 98下
Frerck, Robert　103上, 181
Friedmann, Thomas　27下
Gerster, Georg　11上, 105
Gippenreiter,Vadim/ANA　205
Gloaguen, H. /Rapho　62, 63上
Granndadam, Sylvain　20-21, 174
Hunter, George　136
Iaconetti, Joan/Bruce Coleman　182
Ishihara, Masao　115, 116上, 138上, 142-143, 194上
Ives, Thomas　95上
Iwamiya, Takeji　27上
Jackson, F. /Bruce Coleman　65上・左下
Jodice, Mimmo　128-129, 132上下
Kaku, Suzuki　113
Kanus, Hube/Rapho　207上
Kaufman, Steve　79
Kirchgessner, M. /Bilderberg　100-101, 172, 173
Komine, Noboru　18下
Krewitt, Gebhard　149下
Langley, J. Alex　164下
Leeser, Till/Bilderberg　110上
Lessing, Erich　22, 196, 197
Lyon Lee/Bruce Coleman　65右下, 66-67
McHugh, Tom/Photo Researchers　83下
Miyoshi, Kazuyoshi　121, 122-123, 125, 127
Mizukoshi, Takeshi　38-39, 41上下, 42上・右中・右下・左下, 55, 56, 57, 69上, 70上下
Momoi, Kazuma　47, 48-49, 51, 53
Nacivet, Jean-Paul　13上, 14-15
Nomachi, Kazuyoshi　36, 36-37, 106上, 166-167, 207下, 212-213
Oshida, Miho　35, 106下, 169下
Otsuka, Masataka　108-109, 110下
Panorama　44
Photo Researchers/PPS　169上
Porterfield, C. /Photo Researchers　180
Rossi, Guid Alberto　14上, 73上, 91
Saucez, Andre/Explorer　159下
Scala　p8-9
Schreider, F. /Photo Researchers　83上
Singh, Raghubir/ANA　116下
Sioen, Gerard/Rapho　135, 176上
Straiton, Ken　112下, 160-161, 187上
Tomita, Fumio　182
Ujiie, Shoichi　200下
Valentin, J. /ANA　146上
Veggi, Giulio　72上下
Vergani, Amedeo　131
Vidler, Steve　14下, 17, 92-93, 112上, 159上, 163, 164上, 199
Woolfitt, Adam　13下
Yamashita, Michael　179下, 184-185, 187下
Zden, Thomas　24, 24-25

主な参考図書
『新潮世界美術辞典』(新潮社　1985年)
『みんなで守ろう　世界の文化・自然遺産』(全7巻　学習研究社　1994年)
『ユネスコ世界遺産』(全13巻　講談社 1998年完結)
『世界遺産を旅する』(全12巻　近畿日本ツーリスト 1998年)
『地球紀行　世界遺産の旅』(小学館　1999年)
『世界遺産年報2000』(日本ユネスコ協会連盟　2000年)
『地球紀行　世界遺産の旅2000』(小学館　2000年)
『世界美術大全集・東洋編』(全17巻　小学館　2001年完結)
『世界遺産年報2001』(日本ユネスコ協会連盟　2001年)

本書のプロフィール

本書は書き下ろし作品です。

シンボルマークは、中国古代・殷代の金石文字です。宝物の代わりであった貝を運ぶ職掌を表わしています。当文庫はこれを、右手に「知識」左手に「勇気」を運ぶ者として図案化しました。

「小学館文庫」の文字づかいについて

- 文字表記については、できる限り原文を尊重しました。
- 口語文については、現代仮名づかいに改めました。
- 文語文については、旧仮名づかいを用いました。
- 常用漢字表外の漢字・音訓も用い、
  難解な漢字には振り仮名を付けました。
- 極端な当て字、代名詞、副詞、接続詞などのうち、
  原文を損なうおそれが少ないものは、仮名に改めました。

世界遺産《せかいいさん》 極《きわ》める 55

著者 世界遺産《せかいいさん》を旅《たび》する会《かい》・編

二〇〇一年八月一日 初版第一刷発行

発行者――山本 章
発行所――株式会社 小学館
〒一〇一-八〇〇一
東京都千代田区一ツ橋二-三-一
電話 編集〇三-三二三〇-五六一七
制作〇三-三二三〇-五三三三
販売〇三-三二三〇-五七三九
振替 〇〇一八〇-一-二〇〇

印刷所――図書印刷株式会社
デザイン――奥村靫正

Printed in Japan ISBN4-09-417184-3

小学館文庫